U0145354

超圖解

工業4.0時代產業管理秘訣
TP管理

王基村
逢甲系統管理顧問公司
董事兼資深顧問師

鄭豐聰
逢甲大學
工管理系教授

吳美芳
逢甲大學
工管理系副教授

合　著

先做好產業管理 再做工業4.0

五南圖書出版公司 印行

推薦序一　日本 TP 專家　齋藤彰一

　TP マネジメントという管理技術の体系が生まれたのは、1980 年代の日本であった。20 世紀後半日本産業界は大きな成長発展を遂げていたが、多くの技術は欧米諸国からの導入であった。特に管理技術は欧米の技術をそのまま導入し、それを各社が実際に適用し、少しずつ日本企業なりの工夫を加えて発展させて来ていた。

　日本産業界が高度成長を成し遂げつつあったころ、1982 年に (社) 日本能率協会が通産省の後援のもとに開催した「生産性と品質向上の國際会議 (International Conference on Productivity and Quality Improvement; ICPQ) において "総合的な生産性向上を促進するための新しいマネジメントの概念と技術の開発" が提言された。提言は、基本は大切にするものの、日本独自の管理技術の研究と実践的な適用を示唆していた。

　この ICPQ のニーズに応えるために TP 賞審議委員会・TP 賞審査委員会・TP マネジメント専門委員会が (社) 日本能率協会に設置された。こうした委員会では、日本独自の管理技術である『TP マネジメント』という新しい管理技術体系を日本産業界の幅広い方々とともに研究し、実践し、確立してきた。

　その技術の普及のため "TP 賞" (総合生産性優秀賞) が制定され優秀実践企業に授与されてきた。TP 賞は毎年 3 ～ 4 の企業が受賞し、2000 年時点では約 80 社の優秀企業が表彰されたが、2000 年に初めて中華圏の地域で受賞した企業が出現した。それが台湾保谷光学の TP マネジメント奨励賞受賞であった。台湾保谷光学は 1998 年から福岡康雄社長 (当時) を中心に自社の工場改革に取り組み始めた。そこで日本からコンサルタントを招聘し、自社のプロジェクトチームを編成し、実践で TP マネジメントの導入を図った。その時日本の専門家、経営コンサルタントとして招聘されたのが私 (齋藤彰一) であり、プロジェクト責任者がこの本の著者である王基村さんである。

　齋藤彰一は TP マネジメント研究に最初から加わっており、TP 賞審査委員の一人でもあった。また当時、日本能率協会コンサルティングの TP マネジメント (コンサルティング) 事業部長であったこともあり、王基村さんには、直接それまでの研究内容を話、TP マネジメントの目指す姿や他社事例を紹介したと記憶している。

王基村さんは、当時台湾保谷光学の現地経営トップでありながら、プロジェクトのリーダとして保谷流 TP マネジメントを実践されてきた。結果として、大幅なコストダウンや高い生産性を実現し、台湾保谷を大きく発展させた。そしてその結果が評価され、日本以外の地で、初めての TP 賞奨励賞受賞となった。この TP 奨励賞受賞をきっかけに王さんは台湾でも数多くの講演や事例紹介をされた。その中には CPC (中国生産力中心) 主催のセミナーなどがあった。併せて王基村さんはご自身の経験を整理し研究し、大学での修士論文に取り組まれたと記憶している。そうした取り組みを経て、実践例を通じた華人のための TP マネジメントの必要性を強く意識されたと思われる。

　その後、台湾から大陸まで活動範囲を広げた王基村さんであるが、次に小生 (私) がお会いしたのは、東莞にある信泰光学の工場だったと記憶している (2006 年春)。その取り組みを見せていただき王さんらしい工夫がいくつかあり、その想いと実践力に大変感動したものである。そこで生産の責任者であった王基村さんは、TP マネジメントを自身の手で実践し、大きく進化させていた。小生 (私) に同行した日本のコンサルタントと中国のコンサルタントは、その姿に大変感動し、すぐには改善点を指摘できなかったのは印象的であった。それは多分、王さんが工場全体に TP マネジメントを普及させるべく指導するだけでなく、ご自身も当事者として実際に取り組んでいることが外部コンサルタントにも判ったからではないかと思われる。課題を探さなければ見つからないくらいレベルの高い工場になっていたと解釈すべきであろう。

　この工場での工夫がおそらく華人のための TP マネジメントへと大きく発展させたものと思われる。その後の状況をお聞きすると TP マネジメントは亜州光学全体へ普及させ、さらにそれぞれの場での工夫を加えられたとお聞きしている。

　ここに華人のための TP マネジメントと題し、本書をまとめられたがその基本はグローバルどこにでも通用するものである。そしてこの 20 年以上にわたって実践され、多くの経験に基づき整理・工夫されているので大変実用的でもあると確信している。本書の内容を見ると TP マネジメントの基本的な考え方から目標展開、施策展開にいたるまでの実践例だけでなく、産業界で有用な管理手法の導入についても紹介されている。単に他社の成功例を追いかけるのではなく、自社の達成目標実現に向け、最適手法の選択をする道しるべにもなるものと考える。

工場マネジメントに関わる方々だけでなく、企業経営に関わる多くの方々が
この本をご自身の横に置き、ご自身のマネジメントで今何をすべきか迷ったと
き開いてみることをお奨めする。マネジメントは良い考え方やアイデアも大事
であるが、如何に行動につなげていくかが重要である。その意味で考え方や目
標の設定だけでなく、個々の施策実践にいたるまで幅広く整理されている本書
は経営管理に関わる方々に不可欠のものと推薦する次第である。

齋藤訢一

推薦序一　日本 TP 專家　齋藤彰一 (中文翻譯)

　　TP 管理技術的體系誕生於 1980 年代的日本，因為 20 世紀後期的日本產業界雖然有大幅的成長，但是絕大多數的技術都是從歐美各國引進，特別是管理，更是原封不動導入歐美的那一套，實際運用到各個公司，後來才逐漸的加入日本企業獨自的管理方式而發展成形。

　　就在日本產業界開始高度成長之際，1982 年日本能率協會在日本通產省的後援下舉辦了「生產性與品質向上的國際研討會 (International Conference on Productivity and Quality Improvement; ICPQ)」，當時便提及為了提升整體的生產性，必須開發新的管理概念和技術，且強調必須研究日本獨自的管理技術和確實能夠讓產業實踐的模式才是最重要的。

　　為了回應這個 ICPQ 的需求，日本能率協會設置了 TP 賞審議委員會、TP 賞審查委員會、TP 管理專門委員會，透過這些委員會的成立，屬於日本獨有的這個全新的「TP 管理技術體系」，便開始被日本產業界廣泛地研究、實踐並確立了起來。而為了讓 TP 管理技術更加普及，更設置了 TP 賞，用來表揚優秀的執行企業。每年 TP 賞都會頒發給 3 ～ 4 個企業，到了 2000 年累計頒發給了 80 多間公司，在 2000 年，首次出現了中華圈的海外企業，那便是獲得了 TP 管理獎勵賞的台灣保谷光學 (台灣 HOYA)。台灣保谷光學從 1998 年起，由當時的福岡康雄社長為中心，正式展開工廠改革，從日本請來專業顧問，組成專案團隊，實際導入 TP 管理。當時從日本請來的顧問便是本人，專案負責人正是本書作者王基村先生。記憶裡本人因為從一開始就參與 TP 管理的研究，同時也擔任 TP 賞的審查委員，更擔任日本能率協會的 TP 管理事業部長。所以能夠直接的將 TP 管理研究的內容，TP 管理希望達成的目標和願景，以及他社的成功案例介紹給他，王基村先生當時是台灣保谷光學的現地人經營的最高層，同時又以專案領導人的身分來推行保谷式的 TP 管理，推動後的結果，實現了大幅度的降低成本和提高生產性，讓台灣保谷獲得大幅度的發展，更因為這個優異的實績，使台灣保谷成為首次獲得 TP 獎勵賞的海外企業。

　　因為獲得 TP 獎勵賞的緣故，王基村先生也開始在台灣展開多場演講，介紹成功案例，例如：生產力中心舉辦的講座等等。此外，他更結合自身經驗，把 TP 管理作為碩士論文的研究主題，更強烈意識到 TP 管理對華人是非常必要的。

　　之後因為王基村先生的工作觸角延伸到中國大陸，當我們再次相遇，已是 2006 年在東莞信泰光學的工廠了。在那裡，他所展現出來的想法和執行力讓人非常感動，擔任製造生產負責人的他，不僅親自推行 TP 管理，並且使其大幅提升。和我一起同行的日本顧問以及中國顧問，都對他的努力感到相當敬佩，令人印象最深的是，參觀完工廠之後，我們幾個專業顧問都無法立刻指出需要改善的地方，我想這是因為王基村先生不僅站在指導者的立場，而是他把自己也當成當事者，實際去建構管理體制，設法將 TP 管理推廣到整個公司，因此才能創造出一個不特別去探討的話，便找不出缺點的高水準工廠。亞洲光學信泰工廠所執行的 TP 管理，則可以說是專門為華人設計的 TP 管理。

　　這本著作的內容雖說是專門為華人寫的 TP 管理，實際上的基本原則是全世界通用的，裡面的內容不僅有 TP 管理的基本概念、目標展開、施策展開等等實際案例，也介紹了產業界非常有用的管理方法。此外，不單單只是依循其他公司的成功案例，而是可以針對自己公司的目標，選擇最適當的方法。整本書可以說是集結二十年以上豐富經驗之大成，具有絕佳的實用價值。

　　對管理而言，很棒的想法和點子固然重要，但是如何連接到實際行動更重要，因此這本書提及的各種實際執行策略，都是擔任經營管理重任的您不可或缺的。而不僅是工廠管理，其他企業經營的相關幹部也應該把這本書放在身邊，當您迷惘該為自己公司的管理做些什麼的時候，相信您可以在這本書裡找到答案。

齋藤彰一

2017 年吉日
株式会社　日本能率協会コンサルティング　常任顧問
一般社団法人　人材開発協会　代表理事会長

推薦序二　台灣光學大廠　賴以仁

認識王基村先生是在 1980 年代，當時他在台灣佳能擔任 QA 課長，我在佳能工業公司擔任廠長，負責供應相機皮套給台灣佳能。由於王基村先生對產品品質和製作工程要求嚴格，所以我們在生產皮套時不敢有一絲一毫地鬆懈，因為深怕王基村先生在檢查品質時，對我們下了 TSS (止める‧すぐ‧処置を取る) 的指令。這是我所認識的王基村先生，比日本人更像日本人，對事情一絲不苟、認真嚴謹。

2003 年開始，亞光集團開始轉型，相關產品由 OEM 逐步轉型為 ODM，為了讓工廠擁有更多具有管理經驗及能力的人才一同參與，進而邀請王基村先生加入亞光集團的行列，並有幸得到王基村先生的應允。王基村先生進入亞洲集團後先後擔任了映像、特殊光學材料、精密組件、上海的事業部長及集團的製造管理推進室負責人。擔任映像事業部長期間，負責事業部由 OEM 轉型至 ODM 的工作，由於王基村先生具備日商佳能的管理基礎概念和 HOYA 的 TP 管理經驗，因此入社不久之後，立即針對事業部進行了多項改革，因為相關體制的導入，使得新產品的品質及納期都滿足了客戶的要求，並贏得了客戶對亞洲光學的信賴。除此之外，更令人注目的是，王基村先生於其所管轄的事業部內展開 TP 管理，我也因為王基村先生在集團內的經營管理會議中，針對 TP 管理定義及推進方法的報告，逐漸地了解了 TP 管理的深層內容。進一步地發現，王基村先生所管理的事業部在集團中業績亮眼，且在集團的生產革新競賽中履獲佳績。

TP 管理為日本能率協會開發的管理技術，王基村先生在過去曾於日本領過 TP 管理獎勵賞。為了將其所專精的管理方式有效地推廣至集團中的各個事業部，因而委任王基村先生於集團中成立製造管理推進室，王基村先生不負個人所託，帶領第一代 TP 管理弟子，於集團中開課輔導部門相關人員，2008 年亞光集團在任何一個角落都可以看到 TP 管理的影子，TP 管理在集團內遍地開花並為集團的各個事業部門帶來非常大的突破，每年製造部門提出的的製造方法創新 (改善) 件數超過 100 件以上，而這些製造方法的創新亦為集團帶來了高額的 Cost Down 效果，Q.C.D.S 亦獲得了客戶極高的評價，曾經有位日本相機品牌大廠的高層稱讚亞光集團為中華圈中的管理最頂尖公司。

隨著集團企業的南進 (東南亞緬甸等地)，TP 管理的影子也逐步踏上東南亞地區，我深信 TP 管理將會持續為本公司集團帶來耀眼的發展與成果。

這本《超圖解工業 4.0 時代產業管理秘訣：TP 管理》，是將日本能率協會開發的屬於日本製造業獨自的管理技術，引進華人製造業實踐二十年的成功秘訣大公開，更是第一本改編成適合華人文化的 TP 管理書籍，由王基村先生 (日式管理實踐家) 加上鄭豐聰博士 (IE 系統整合專家) 和吳美芳博士 (經營管理專家) 共同執筆完成，讓這本書的論述理論與實務並重，在企業環境競爭激烈的時代，本人衷心推薦這本好書，它將會是華人產業的各層幹部身邊必備的圭臬之一。

亞洲光學集團 CEO

推薦序三　生產革新高手　野沢陳悅

　　先ずは、王基村先生の「超圖解工業 4.0 時代產業管理秘訣：TP 管理」出版を心からお祝い申し上げます。

　　王先生と私との出会いは、1981 年 4 月、当時・キヤノン本社から台湾キヤノンの駐在員として派遣された時でした。台湾キヤノンは、キヤノン本社として初めての海外進出工場であり、創立 10 年余で社員 1,000 名余を擁しカメラ製造を担当、既に日本製品に「追いつけ追い越せ」をスローガンに邁進していた。しかし、ものをつくるだけのノウハウは習得したものの、その状態を管理する能力が不足であった。その為に、駐在員を管理職経験者の派遣の切替時期であり、間接業務、ライン業務共にその方面の指導が必要でした。会議体も、当時は日本語を主体にすすめられ現地の方は大変苦労し、努力していた。その中でも際立つ日本語が流暢な課長が、王先生（組立担当）であり、組立課内の生産・管理方面は、整理整頓をはじめ日本工場を凌ぐもので、清潔で、きれいな職場として信頼度の高い製品のできばえは世界各国に輸出された。

　　その後「台湾キヤノン」で組立課長から QA 課長に就任し、工場全体の「品質保証体制」を任され様々な管理方式を構築した。それと併行して「小集団活動」も導入、全社員への品質意識の高まりを広め、ラインで培った知識、行動力で実践的な「品質保証体制」が確立された。

　　台湾キヤノンで体験した生産・管理方面は、「キヤノン生産方式」と称し、独特なものであったと思う。その後・王先生は、新たな企業活動を学ぶ為に、台湾 HOYA に転身し、持ち前の努力で・廠長、総経理を歴任され、企業間の理念、考え方、生産・管理方式の違いを学び付加し、王先生の企業経営の精神が確固たるものになったことが想定される。

　　その当時、私はキヤノン退職後、台湾駐在員時代に交流のあった、頼以仁先生と再会する機会があり、台湾企業でも有数の「亜洲光学」であることを知った。頼以仁先生は、私が日本の地元企業で「山田流トヨタ生産方式」の指導をしていたことから、2003 年から亜洲光学全般の「特別顧問」の招聘を受け台湾本社、フィリピン、ミヤンマー、中国の各工場を定期的に巡回指導がスタートした。

2003 年、私は王先生と亜洲光学、主力工場である「信泰光学有限公司」で再会し、台湾キヤノン時代、親交のあったことで再びご一緒に「生産革新」と称して信泰光学並びに上海工場の改革の手伝いをすることになった。王先生は、既に「TP 管理方式」を信泰光学内に浸透させていて、理論は勿論現場での実践はレベルの高いものであった。とりわけ「見える化」は、経営指標設定を明確にしてリアルタイムに実績を記録し、誰が見てもわかる管理は、王先生の最も得意とする管理手法である。

　どの企業も世界的な企業競争に勝つ為には、終りのないコストダウン活動は必須である。TP 管理方式も、停滞することなく進化し続けていて、私もその一助となる為に「動作のムダとり＝活人」「停滞のムダとり＝在庫削減」を、信泰光学（長安工場）、上海工場の往復を重ね、成果を上げられた。以上の様な職歴を経て、このたび経営層、管理監督層、一般社員の全社一丸となりうる著作は、今後の華人圏にとって、なくてはならない「バイブル」になることを願って、推薦するものである。

野沢陳悦

推薦序三　生產革新高手　野沢陳悅 (中文翻譯)

　　首先，我要衷心祝賀王基村先生出版了這本《超圖解工業 4.0 時代產業管理秘訣：TP 管理》。

　　我和王先生是在 1981 年 4 月認識的，當時我以派遣幹部的身分從日本佳能總公司被派到台灣佳能工作。台灣佳能是日本佳能第一個海外設立的工廠，創立十多年，有上千名員工，負責製造相機，而且正朝著「追上日本，超越日本」的目標邁進。當時，雖然員工已經學會如何製造產品，但是管理能力卻不夠。因此必須由具有管理經驗的日本派遣幹部輪流派到台灣佳能指導生產線和間接業務的管理工作。那個年代，連開會都要以日文進行，因此台灣當地的員工非常辛苦也很努力。而其中表現突出，受人矚目的就是當時擔任組立課課長的王先生，王先生不僅日文講得非常流暢，組立課內的生產管理，從整理、整頓到清潔、整齊，都有凌駕日本工廠之勢，生產的產品更擁有相當高的信賴度，更輸出到世界各國。

　　之後王先生從組立課長晉升為 QA 課長，負責工廠全體的「品質保證體制」，開始建構起各式各樣的管理方式，同時也開始導入「QC 圈活動」，推廣全體社員的高品質意識，用他在生產線上培養的知識和行動力，建構了一套具有實踐性的「品質保證體制」。

　　台灣佳能的生產管理可以稱作「佳能生產方式」，是非常具有獨特性的。之後王先生為了學習新的企業領域，轉換公司到台灣 HOYA 任職，以他超人的努力，歷任了廠長和總經理，也學習到企業之間不同的理念、想法和生產管理方式，我想，這時候王先生的企業經營精神應該已經非常明確穩固了。

　　就在當時，我從日本佳能退休之後，因緣際會之下，與台灣知名企業「亞洲光學」的賴以仁董事長相識，在賴董事長的請託之下，從日本地方企業「山田流豐田生產方式」的指導開始，於 2003 年正式擔任亞洲光學集團的特別顧問，定期到台灣、菲律賓、緬甸、中國大陸的各個工廠展開指導。

　　2003 年末，我和王先生在亞洲光學的主要生產基地「信泰光學有限公司」再次重逢，藉著從台灣佳能時代就培養起來的革命感情，我們一起推動信泰光學以及上海工廠的「生產革新」。此時王先生早已經將他在日本能率協會學到的「TP 管理方式」滲透到信泰光學，不僅僅是理論而已，現場的執行度相當的高。其中，特別是「看得見的管理」，明確地設定經營目標，即時的記錄實績，讓每個人看了都能理解的管理，正是王先生最得意的管理方法。不管是哪一個企業，為了在世界的企業競爭中勝出，始終必須進行無止境的經費削減。而 TP 管理也同樣不能停滯，必須一直保持進步，為此，我一直持續往返信泰光學和上海工廠之間，協助「排除動作的浪費＝活人」，「排除停滯的浪費＝減少庫存」，終於獲得很高的成效。

藉由以上這些豐富的實戰經驗，王先生的這本著作，是一本可以讓經營層、管理階層以及一般員工都團結一心的著作，我更期望這本著作能成為華人不可或缺的「管理聖經」，在此衷心推薦。

野沢陳悦

推薦序四　中國生產力中心　張寶誠總經理

　　TP 管理是日本能率協會因應日本通產省 (經濟部) 的邀請，而開發出來的一套追求新生產力管理革新的制度，初期在日本幾乎是日本大型企業引進推動，也達到預期豐碩的成果，至今在日本已相當普及，也讓日本製造業延續保有品質、效率、交期、服務、安全的製造優勢。

　　中國生產力中心始終擔任思維模式與經營的拓荒者與先驅者，引領產業與企業創造價值，秉持一貫創新求勝、追求卓越的理念中，於 1997 年中國生產力中心引進 TP 管理。本中心經三年研究 TP 管理，適逢報紙披露作者王基村先生在 2000 年 6 月受邀參加日本 JMA 頒發的 TP 管理獎勵賞，並分享在台日資企業 A 光學公司推行 TP 管理之過程與成果，因此本中心派員前往參與，並邀請作者王基村先生多次在本中心辦理大型的 TP 管理制度研討會，擔任講師發表案例，在此機緣下，促成本中心辦理日本 TP 受賞企業參訪活動，讓 TP 管理制度能在台灣企業能夠普及與深耕。

　　TP 管理制度最大的特點是以目標展開的技術 (Top Down)、施策展開的技術 (Bottom Up)，有效整合個人及團隊的整體目標，也釐清企業組織與部門與個人目標明確關聯性，企業才能實踐全面經營，形成「優質企業文化」與「優質的管理」，來實現企業運作的最高效率，實現企業經營效益的最大化。

　　作者也曾經在兩岸台商企業推動 TP 管理制度二十年，已有足夠實際驗證來對應理論架構，並發展為符合華人文化的 TP 管理制度。如今專為華人寫的 TP 管理書籍《超圖解工業 4.0 時代產業管理秘訣：TP 管理》將出版，我由衷的期待，更盼望它能提供給各企業界革新的參考。

自序　王基村

　　個人覺得這輩子一直都很幸運，首先是台灣 Canon 在台設立的第三年，即投入了它的懷抱，十五年的 Canon 生活，從中學到了很多東西，奠定日後工作發展的基本功。

　　第二個幸運是 1998 年，台灣 HOYA 第三任社長福岡康雄赴任時，恰巧日本母廠正在導入 TP 管理制度，所以指示台灣 HOYA 搭便車一起推行，當時聘請了 JMAC 齋藤彰一先生為首的顧問團來台指導，因為齋藤先生是 TP 管理的創始人之一，能直接獲得他本人親自的說明，所以對 TP 管理技術的理論和實際作法，能原汁原味的吸收，加上他本人和系井大介先生親自到現場示範操作，因此在短短二年內，台灣 HOYA 如脫胎換骨一般，全體員工士氣高 ，改善的施策項目不斷的產生，生產性和品質大幅提升，進而交貨期也大幅縮短，達成領先業界的水準，因而比日本母廠還快，在 2000 年 6 月就獲得 JMA 頒發的 TP 管理獎勵賞。

　　由於台灣 HOYA 成功導入 TP 管理制度，我認為這套制度如果能夠引進台灣製造業的話，應該可行，對經濟發展和就業市場都是一項貢獻，所以著手對 TP 管理制度做更深入和寬廣的研究，並構建一個針對台灣製造業導入 TP 管理制度通用之模式，經逢甲大學鄭豐聰博士的指導，完成了碩士論文。

　　第三個幸運是 2003 年轉戰亞光集團大陸廠信泰光學後，嘗試導入 TP 管理制度看看，結果映像事業部開始發光發亮，Q.C.D.S 都能滿足客戶的目標，集團內生產革新競賽年年得冠軍，為什麼如此順利呢？因為老天幫忙，TP 管理推行期間，遇上了台灣 Canon 時代的上司野沢陳悅先生 (前大分 Canon 社長) 來社指導山田流的生產革新活動，個人將 TP 管理與生產革新連接在一起，利用 TP 管理的指引決定戰略和戰術，將生產革新的眾多手法當作 TP 管理施策展開的工具，相輔相成，讓事業部不但能夠做對的事，也能夠讓事情做對，因此獲得空前未有的成績，賴董事長眼睛一亮，在 2008 年，任命個人兼任集團製造管理推進室責任者，全集團自力推行 TP 管理活動和生產革新活動到 2015 年退休為止，總計十二年間，推行 TP 管理的事業部和合資廠有 20 多個，雖然事業部之間的 TP 效益有所差異，但是依照事務局的統計，每年光是差別化施策項目，就為集團創造的效果金額非常之大。到此，我深信 TP 管理制度不但在日本、台灣可行，整個中華圈都可行，因此退休後回母校得到指導教授鄭豐聰博士和現任工工系主任吳美芳博士的應允指導，開始一起著手整理《超圖解工業 4.0 時代產業管理秘訣：TP 管理》一書，提供給中華圈的產業參考，希望本書能帶給中華圈所有產業脫胎換骨，改變命運是幸，最後感謝逢甲大學系友黃銑扶、陳致重、許家維、王翌婷的文書協助和感謝大陸 TP 管理的子弟兵王明宗、林益照、陳天祐、蔡達明、廖為政、何松銘、吳福佳、聶亞華、鮮亞鳳、胡水波、蔣會波、李進平、劉雙和陳偉梅二位信泰大學學士班班長所帶領的 80 位學員的資料收集以及擔任櫻前線日本語教育文化事業總編輯我的女兒王嘉暄和她好友林于翔的協助。

王基村

引言　工業 4.0 時代，TP 管理必為第四次工業革命磐石！

　　主要作者王基村先生於 1999 年修習台北科技大學碩士企業流程再造學分班，與個人結緣至今。在這期間於 2000 年 9 月考進逢甲大學工業工程碩士在職專班，在學期間任職台灣 HOYA（日商），由於表現相當突出，很快由廠長升任總經理，2003 年 1 月取得碩士學位。

　　王兄於 1989~2003 年任職台灣 HOYA（日商）副廠長、總經理，於 2000 年代表台灣 HOYA 公司到日本能率協會，主催的 TP 管理大會受賞並做案例發表。在 2003~2015 亞洲光學集團任職事業部長、執行副總經理、董事，集團製造管理推進總負責人，集團人才培育總負責人。由於以上的深厚資歷，對於製造管理有精闢且獨到的見解。

　　基村兄 2015 年自亞洲光學集團退休後，有感於知識分享的重要，於 2015 年 10 月開始，每周二、四皆到研究室，將其畢身的經驗，有系統地整理，期盼對中小企業的製造管理有具體的貢獻。

　　TP 管理原創於日本，TP 管理有以下三大特點：
1. 非單純解決復元之問題（過去之問題），還要解決尋找之問題（現在的問題），更進一步要製造課題來解決（未來的問題）。
2. TP 是一種看得見的事前管理，重點在看得見，更著重於未來性。
3. 塑造持續改善的激勵文化，唯有不斷的改善，好還要更好，持續的激勵，優還要更優，企業才能永續發展。

　　日本大企業中，如佳能、松下、豐田、日產等公司，施行 TP 之後效益倍增。王兄整合日本及華人的工作特質，將 TP 管理融會貫通，撰寫成最適合華人的 TP 管理。在這一切論及工業 4.0 的時代潮流中，TP 管理勢必是工業 4.0 重要的基石。

鄭豐聰

2017 年 11 月於　逢甲大學

本書使用要領簡介

　　本書撰寫目的，是期望讓讀者理解 TP 製造管理如何應用於產業。全書分為八大章，第一章為 TP 管理十大秘訣，為最重要與基本的概念，務必深入體悟與消化吸收，並內化為專業知識；第二章為日本原創的 TP 管理概念，以及基本實踐步驟；第三與四章為工具篇，為華人世界打造的 TP 管理制度，以及有系統的施策工具；第五、六與七章，為實務應用與案例篇。第五章以光學玻璃工廠為例，描述經 TP 管理之後，榮獲 TP 管理獎勵賞的成功案例。第六章以光學產品組立工廠如何推動 TP 管理，榮獲集團生產革新競賽連續七年的第一名。第七章為特殊光學材料工廠如何導入進階 TP 管理，成就 TP 管理的最高境界。最終章為本書結論，敘述處於激烈競爭的全球化市場，應該導入 TP 管理，以實現企業追求卓越的目標。

　　本書依 TP 管理活動，一至四章為基礎篇，六至七章為實務案例篇，全書八章架構如下，可依讀者屬性，擇要閱讀：

第 1 章　TP 管理的 10 大秘訣
第 2 章　你必須先了解日本能率協會的 TP 管理概要
第 3 章　專門為華人產業量身訂做的 TP 管理
第 4 章　9 大差別化施策展開工具
第 5 章　A 光學公司成功案例
第 6 章　B 產品事業部成功案例
第 7 章　C 材料事業部成功案例
第 8 章　結論

逢甲大學　工業工程與系統管理學系
系主任　吳美芳
2017 年 11 月

目錄

Chapter 1　TP 管理的 10 大秘訣 ——————— 001

Chapter 2　你必須先了解日本能率協會的 TP 管理概要 ——————— 027

Chapter 3　專門為華人產業量身訂做的 TP 管理 —— 055

Chapter 7　C 材料事業部成功案例 ———— 295

Chapter 8　結論 ———— 363

Chapter 1

TP 管理的 10 大秘訣

　　過去家電市場的時代，市場的擴大是從先進國開始販賣，然後中進國，最後再到後進國，產品約有 10 年的週期，競爭的主要條件是價格和品質。

　　到了 1980~1995 年代進入電腦市場的時代，市場的擴大改變為以先進國為中心，世界同時發表，產品的週期已被縮短為 2~3 年，競爭的主要條件是價格和投入市場的速度，誰先推出產品，誰占優勢。

　　進入數位網路時代 1995~2010 年，市場的擴大已經改變為世界同時發表，同時販賣，產品週期 0.3~0.5 年，競爭的主要條件為功能、價格與市場投入速度、生產規模。

　　進入 2005 年以後的經營環境如下：

以市場環境來說：

- 顧客要求多樣化
- 製品生命短期化
- 交貨期短縮
- 低價格攻勢

以企業環境來說：

- 國內外經濟情勢的變化
- 其他企業的加入
- 追兵快速成長

以技術環境來說：

- 資訊技術的革命
- 加工技術高度的發展
- 自動化技術的普及

市場擴大	競爭要件

家電市場

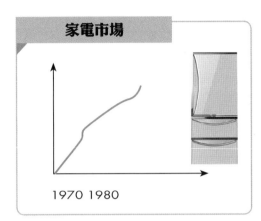

1970 1980

電腦市場

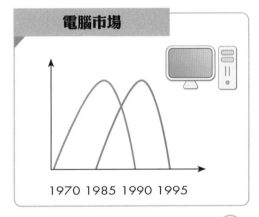

1970 1985 1990 1995

數位網路市場

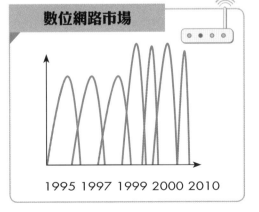

1995 1997 1999 2000 2010

市場擴大	競爭要件
5~10 年 先進國 - 中進國 - 後進國	價格與品質
2~3 年 以先進國 為中心， 世界同時發表	價格與市場 投入速度
0.3~0.5 年 世界同時發表	功能、價格與 市場投入速度、 生產規模

Chapter **1**

TP 管理的 10 大秘訣

003

面對越來越嚴酷的經營環境，製造業為了創造競爭的優勢，筆者在製造業 44 年的心得，認為必須要擁有下列的機制，才能獲得一席之地。

1. 能夠利用新技術開拓新事業，或能有效的應用高度技術製造新製品。

2. 能夠開發及利用高度技術，卓越的提升製品機能。

3. 能夠確實把握市場的需求品質，整合顧客需求的製品企畫、設計、製造、販賣。

4. 能彈性及時處理製品上線、製品換線、產量變更、快速交貨。

5. 能夠確實推動戰勝地球村大幅降價的競爭。

6. 能夠建立讓員工有責任心、有成就感、明亮、滿意的工作環境。

7. 能夠整合公司上下全體員工的向量趨向一致，朝向總合目標邁進。

重點說明：

第①項和第②項要求的是必須追求新的技術，才能在業界領先。

第③項要求的是產品品質，因此必須整合設計和製造，生產出具信賴性的產品。

第④項要求的是快速交貨，因此必須追求整合供應鏈管理。

第⑤項要求的是價格優勢，因此必須整合設計、製造、全面推動降價活動。

第⑥項和第⑦項最為重要，事在人為，必須構建一個有機性的管理系統，讓全體員工自發性的樂在工作，TOP 放心、員工也開心。

換句話説就是：

製造業必須擁有　→　差別化技術　+　差別化管理

什麼是差別化 · 就是與眾不同

所有人都一字排開，你希望被人認識，怎麼辦？

當然有些人天生就是亮點！例如：身高 2.29m 的巨人一站出來就是亮點。

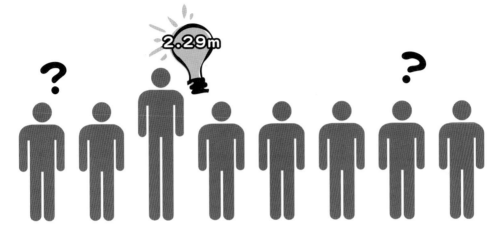

有些人採用不同的方式將自己的能力明確無誤地表達出 ，或者透過裝備，讓自己變得獨一無二！

公司之間的競爭就和人之間的競爭一樣，必須脫胎換骨變成獨一無二！

　　為了讓製造業擁有差別化的技術和管理，日式 TP 管理因應誕生，其誕生過程如下所述。

　　從 1980 年代後半開始，日本產業界進入了變革期，在這之前的擴大成長期，日本產業界所採取的方法大都是模仿先進企業的成功事例之後，再加以發展應用而導致成功的。在擴大成長期這段期間所導入、展開並實踐的以 IE、VE、QC 等為代表的多數管理法，時至今日仍是有效的。因此，到 1980 年代為止，日本技術的強度可以說是依靠適應能力和應用技術的能力。

　　1980 年代後半開始，伴隨著市場需求多樣化、個性化所產生的多品種化現象，市場的飽和，以及無法期待絕對量的擴大環境之下，日本產業界進入了需要同時能符合高機能、高品質、短交貨期以及低價格等條件互相矛盾的時代。

　　1982 年，日本能率協會在通產省的後援之下召開的生產與品質向上的國際會議中，將促進總合生產力向上所需具備的新概念和技術開發的重要性大大地加以提倡，1983 年設置了 TP 賞審議會，並展開了真正的 TP 管理研究，1985 年第一屆的 TP 賞（總合生產力優秀賞）共有三個企業受賞，到現在為止，包括 TP 特別賞、TP 獎勵賞共有 80 多個企業受賞。

　　TP 管理（Total Productivity Management）是 1982 年日本能率協會開發出來的經營手法，定義如下：

1. T 是 Total
意味策略性的投入企業所有的經營資源，整合所有活動的方向。

2. P 是 Productivity
意味追求符合真正時代要求的新生產力，將實現顧客滿意的製品競爭力，提高到超一流水準為最大目標。

3. M 是 Management
意味展開策略性的目標設定、融合 Top Down 與 Bottom Up，建構充滿活力的 PDCA 實行體制，確立活用各自企業特色的創造性管理。

　　也就是說，為了實現經營者的夢想創造出來的管理架構就是 TP 管理制度，TP 管理的指標是朝向企業想要擁有的夢想，一面改善企業的體質，一面謀求顧客的滿足。

　　TP 管理的輪廓如右圖所示，它是一個活力系統，目標展開採用 TOP DOWN，從總合目標展開到中間目標再展開，到最基層的目標項目，可以有效整合個人及團隊的整體目標，也釐清企業組織與部門與個人目標的關聯性。施策展開採用 BOTTOM UP，一面提升員工的能力，一面讓員工參與，激勵士氣、使命感、成就感，讓員工在明朗快樂的環境下，創意不斷的產生。

　　TP 管理制度最大的長處在於確立符合各企業特色的創造性管理，讓企業做對的事、也把事情做對，所以企業主可以很放心的將工作交給屬下、屬下也在被充分的授權下，產生無比的動力，使企業與員工雙贏。

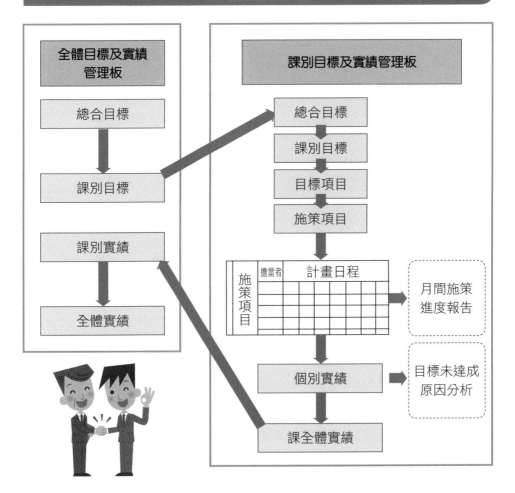

TP 管理的輪廓

1-4 TP 管理的 10 大秘訣

筆者自 1973 年以來學習或推進過各項管理制度，例如：1980 年代的全面品質管制 (Total Quality Control)、績效分析管理 (Performance Analysis Control)，1990 年代的及時化生產系統 (Just In Time)、全面品質管理 (Total Quality Management)、價值工程 (Value Engineering)、全面生產管理 (Total Productive Management)、快速反應策略 (Quick Response)，2000 年代的供應鏈管理 (Supply Chain Management)、產業電子化推進、6σ、、平衡計分卡等。自 1998 年開始推行 TP 管理制度 20 年，與其他管理制度相較之下，它能獲得更大的效益，是因為它具備了 10 大秘訣：

1. 明確遠大的目標、不只是解決復元的問題、而是解決公司設定的課題。
2. 目標展開採用 Top Down、所以上、中、基層向量一致、沒有無意義的目標。
3. 施策展開採用 Bottom Up，所以員工因參與而產生三感 (責任感、使命感、成就感)，讓員工在非常明朗、快樂、自信的工作氣氛中工作，創意不斷的產生。
4. 設定基準值，一切成果與基準值比較，並與財務連結，追求真成果。
5. 追求的是面積目標。
6. 追求的是看得見的事前管理。
7. 以貢獻率管理面積目標進度，簡單易懂，並連結升遷獎賞。
8. 過程與結果並重，確保對策的真實性。
9. 切入企業的課題不是單一切口而是彈性的。
10. TP 管理集眾管理制度的大成。

因為 10 大秘訣，所以推行 TP 管理的製造業都能夠：

創造出差別化技術

因為不只是解決復元的問題而是製造問題來解決，所以目標設定由累積改善型轉換成理想極限導向型，向標竿技術挑戰。

創造出差別化管理

1. **做對的事情** (DO THE RIGHT THINGS)
2. **激勵員工，創意不斷**
   不吃大鍋飯，能分工合作
   TOP 很放心，員工更開心
3. **把事情做對** (DO THE THINGS RIGHT)

1-4-1 秘訣 ① 明確遠大的目標，不只是解決復元的問題，而是解決課題

日本能率協會說：課題可區分成 3 個層次，第 1 層為復元的課題＝不遵守既定標準所引起的課題；第 2 層為尋找的課題＝以現在的狀態和理想的狀態做比較應該解決的課題；第 3 層為製造的課題＝為了要成為業界第一流的水準必須要解決的課題。

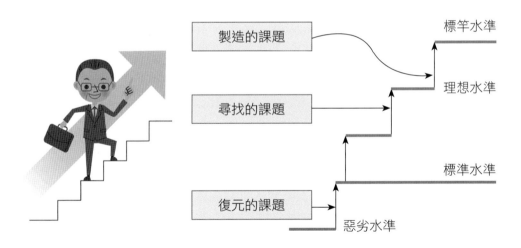

假設某產品的不良率設定標準是 1%

- 產線實際不良率 2%，就是惡劣水準，將不良率拉回 1% 的對策方法，稱為復元的課題。
- 如果想達到理想一點的目標 0.5% 的話，那麼要去做的改善對策，稱為尋找的課題。

• 如果想達到業界第 1 名 0.3% 的話,那麼要去做的改善對策,就稱為製造的課題。先製造一個課題,然後再解決課題。

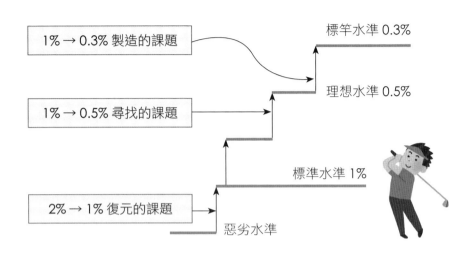

1-4-2 秘訣 2 目標展開採用 Top Down

所以上、中、基層向量一致,沒有無意義的目標

項　目	經營層	中間層	課長	區.線	TP 擔當
總合目標設定	◎				
中間目標		◎	◎		
個別目標				◎	◎
施策展開					
施策實施					
總結					

◎主擔當

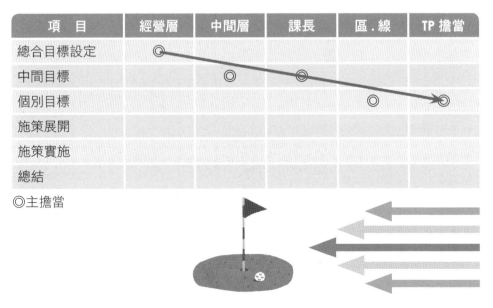

目標展開範例─從上到下明確關聯性

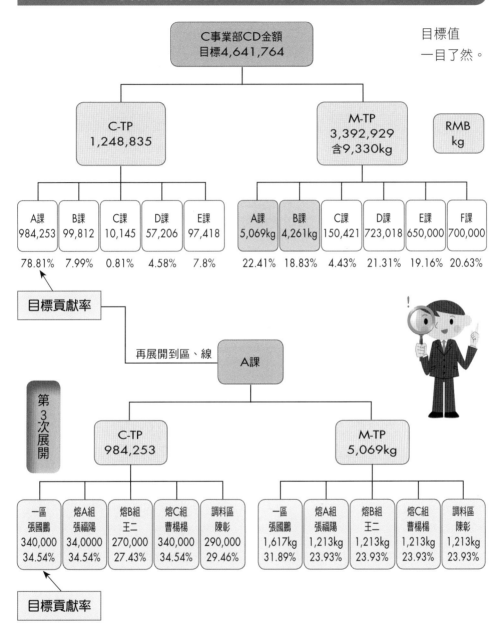

目標值
一目了然。

```
                    C事業部CD金額
                    目標4,641,764

        C-TP                          M-TP
       1,248,835                    3,392,929         RMB
                                    含9,330kg          kg

A課   B課   C課   D課   E課      A課     B課    C課    D課    E課    F課
984,253 99,812 10,145 57,206 97,418  5,069kg 4,261kg 150,421 723,018 650,000 700,000

78.81% 7.99% 0.81% 4.58% 7.8%  22.41% 18.83% 4.43% 21.31% 19.16% 20.63%
```

目標貢獻率

再展開到區、線

A課

第3次展開

```
        C-TP                          M-TP
       984,253                       5,069kg

一區    熔A組   熔B組   熔C組   調料區    一區    熔A組   熔B組   熔C組   調料區
張國鵬  張福陽  王二    曹楊楊  陳彰     張國鵬  張福陽  王二    曹楊楊  陳彰
340,000 34,0000 270,000 340,000 290,000  1,617kg 1,213kg 1,213kg 1,213kg 1,213kg
34.54% 34.54% 27.43% 34.54% 29.46%  31.89% 23.93% 23.93% 23.93% 23.93%
```

目標貢獻率

　　目標展開 Top Down 有效整合個人及團隊的整體目標，也釐清企業組織與部門與個人目標的關聯性。

1-4-3 秘訣❸ 設定基準值一切成果與基準值比較與財務連結

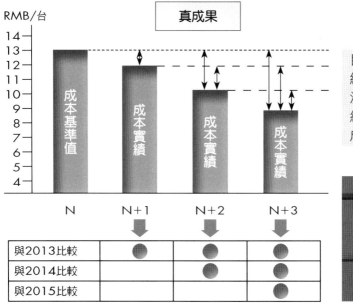

真成果

RMB/台

目標值的設定和實績值的評價,如果沒有和財務實績連結的話,會造成假成果。

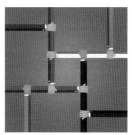

	N+1	N+2	N+3
與2013比較	●	●	●
與2014比較		●	●
與2015比較			●

目標值的設定和實績值的評價

如果只是與前一年度對比的話,容易流於一年好、一年壞的弊病。

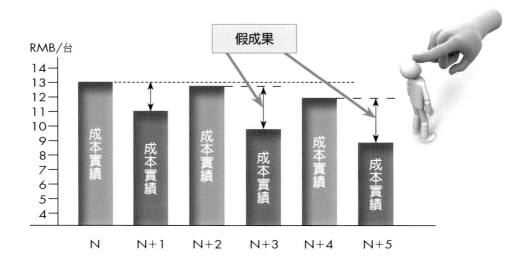

假成果

RMB/台

1-4-4 秘訣④ 追求的是面積目標

　　很多職場常用的是高度目標，所以流於年終前達成高度目標而自喜，疏不知對於利益的貢獻其實是減分的，所以 TP 管理著重於追求面積目標。

面積目標 ＝ 高度目標 ✕ 數量　(數量可以用營業額、生產數量、銷貨數量……等等來表示)。

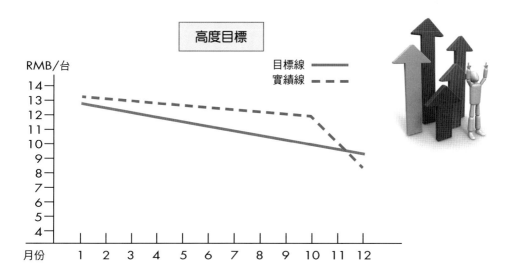

高度目標

RMB/台

目標線 ——
實績線 ----

月份

面積目標

CD金額
萬RMB

目標
實績

面積實績 ←

面積目標 →

月份

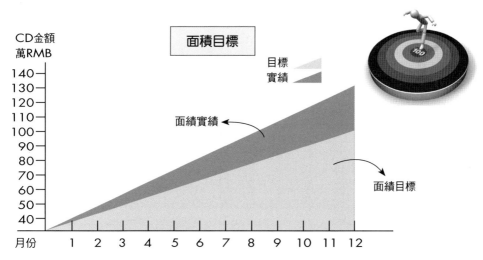

Chapter 1

TP 管理的 10 大秘訣

013

1-4-5　秘訣 ⑤　施策展開採用 Bottom Up

筆者在 44 年的製造經驗，認為一位儲備幹部入社 2 年後，他提出來對工作改善的意見和單位主管的意見相差不遠，所以與其自己做，為什麼不讓他做呢？又從激勵的角度來看，激勵的方法大致可分二種，一種是獎勵，一種是處罰，都很有效，可惜的是短時間有效，長時間的話，效果會越來越少，最後失去激勵的作用，員工的不開心是工作被限制、發生問題被指責，其次才是薪水太低。

個人認為能長期有效的激勵方法是除了獎勵和處罰之外要加上讓他能夠不斷的成長和受到尊重。

個人認為最佳的激勵方法如下：

員工的不開心是什麼

最有效的激勵方法

$$E(Excitation) = M \times G \times C1 \times C2$$

任務目標 (mission)× 成長 (Growing)× 鼓勵 (Congratulation)× 現金 (cash)

受尊重和成長

TP 管理

1. 讓 TOP 目標與中間目標、個人目標連結 (TOP DOWN)
2. 提升全體的態度 (參與) 和能力 (教育) (BOTTOM UP)
3. 協助幹部達成目標 (生產革新教育)
4. 依貢獻率鼓勵和現金
5. 讓幹部不斷成長 (教育)，挑戰更高目標

夢想實現

TOP 笑咪咪
員工更快樂

施策展開採用 Bottom Up

項　目	經營層	中間層	課長	區.線	TP 擔當
總合目標設定					
中間目標					
個別目標					
施策展開		◎	◎	◎	◎
施策實施			◎	◎	◎
總結	◎	◎	◎	◎	◎

◎主擔當

1-4-6　秘訣 6　以貢獻率達成度管理面積目標的進度 - 簡單易懂

貢獻率的概念

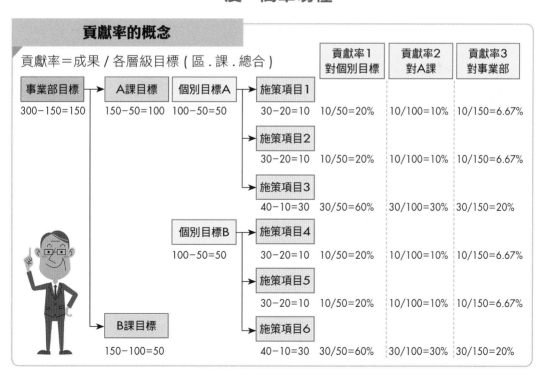

貢獻率＝成果 / 各層級目標 (區 . 課 . 總合)

	貢獻率1 對個別目標	貢獻率2 對A課	貢獻率3 對事業部
事業部目標 → A課目標　個別目標A → 施策項目1			
300－150=150　150－50=100　100－50=50　30－20=10	10/50=20%	10/100=10%	10/150=6.67%
施策項目2　30－20=10	10/50=20%	10/100=10%	10/150=6.67%
施策項目3　40－10=30	30/50=60%	30/100=30%	30/150=20%
個別目標B → 施策項目4　100－50=50　30－20=10	10/50=20%	10/100=10%	10/150=6.67%
施策項目5　30－20=10	10/50=20%	10/100=10%	10/150=6.67%
施策項目6　40－10=30	30/50=60%	30/100=30%	30/150=20%
B課目標　150－100=50			

以貢獻率達成度來管理面積目標的進度有2個指標

• 第 1：施策項目數量飽和度指標 (施策項目數量夠不夠？) 怎麼看呢？

> 預估年度貢獻率＝ (預估年度效果 / 年度目標) 有超過 100% 嗎？
> 有的話表示施策項目的飽和度是足夠的。

• 第 2：施策項目執行力度指標 (執行施策項目的力度夠不夠)？

> 一年劃分成 12 個月，每個月的累計實際貢獻率，有無超過累計目標嗎？
> 例如：1~3 月的累計目標 (3/12 個月) ＝ 25%
> 實績貢獻率＝ (1~3 月實際效果 / 年度目標) 有超過 25% 嗎？

以某職場 3 月底做例子說明

看施策項目數量飽和度指標 (施策項目數量夠不夠)？怎麼看呢

計畫階段

① 某職場它承擔的製造費用降低是 340,000RMB/ 年
② 努力尋找施策項目：3 月底累計有 8 件施策項目
③ 預估 8 件完全實施的話，會有 356,600RMB/ 年的成果
④ 所以它的預估貢獻率 356,600RMB/340,000RMB ＝ 104.9% (施策
　 項目數量飽和度指標) 超過目標 100%，表示數量足夠的。

實施階段

累計實際金額到 3 月為止，實際 CD 金額為 89,100RMB
實際貢獻率到 3 月止，實際 CD 金額 / 目標為 89,100RMB/340,000RMB
＝ 26.21%(施策項目執行力度指標) 超過 3 月該有的 25%，表示執行力
度 OK。

確　認

26.21% >25%(3 月止目標)

處　置

○超過目標，所以繼續按原定計畫忠實的執行。
✕未達目標，要馬上分析原因，找到真因，追加施策項目。

如何以貢獻率管控進度的概念圖

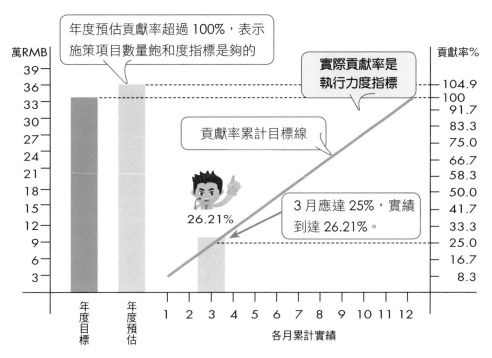

年度預估貢獻率超過 100%，表示施策項目數量飽和度指標是夠的

實際貢獻率是執行力度指標

貢獻率累計目標線

3 月應達 25%，實績到達 26.21%。

26.21%

 上圖說明

◆ 施策項目數量飽和度指標＝年度所有施策項目的預估成果 / 年度目標
年度目標是藍色＝ 34,000RMB
年度所有已找出來施策項目的預估成果＝ 356,600RMB
施策項目數量飽和度指標＝ 356,600RMB/340,000RMB ＝ 104.9%
表示對於新年度的施策項目是足夠的

◆ 執行力度指標＝當月止累計實績 / 當月止累計目標
累計目標如上圖藍色斜線，3 月止應達成 25%
3 月累計實績 89,100RMB/340,000RMB ＝ 26.21%
施策項目執行力度指標＝ 26.21% ＞ 25%
表示執行力度是 OK 的

貢獻率範例圖表

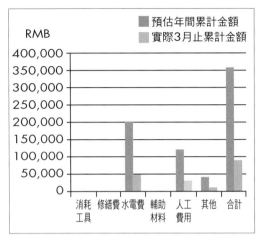

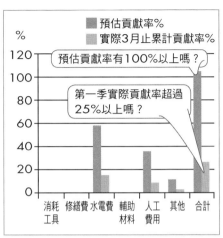

NO	費目	施策項目數		預估年度金額RMB		預估年度貢獻率%	區目標RMB	實際金額RMB		實際貢獻率%
		當月	累計	當月	累計			當月(3月)	累計(3月)	
1	消耗工具費	0	0	0	0	0		0	0	0
2	修繕費	0	0	0	0	0		0	0	0
3	水電費	0	5	0	197,400	58.06		16,500	49,500	14.56
4	輔助材料	0	0	0	0	0		0	0	0
5	人工費用	0	1	0	120,000	35.29		1,000	30,000	8.82
6	其他	0	2	0	39,200	11.53		3,200	9,600	2.83
合計	合計	0	8	0	356,600	104.88	340,000	29,700	89,100	26.21

施策項目數量飽和度指標　　　施策項目執行力度指標

貢獻率表說明

從左邊往右邊，一項一項看

- 3月新增施策件數有0件／累計件數8件。
- 3月新增的預估金額0RMB。
- 累計預估金額增加356,600RMB。
- 預估貢獻率為104.88% (施策項目數量飽和度指標)，遠遠超過100%，可放心。
- 3月新增的實際金額29,700RMB。
- 累計的實際金額為89,100RMB。
- 截止到3月實際貢獻率26.21% (施策項目執行力度指標)，大於標準25%，稍稍超前。

1-4-7　秘訣 7　最先進思維——追求的是看得見的事前管理

在其他管理制度，追求看得見的管理，TP 管理更先進的思維不只追求看得見的管理，更要追求看得見的事前管理，一年之計在於去年底，在年底就將新年度的目標展開、施策展開、實施計畫、效果預估、貢獻率全部展開完畢，預估貢獻率要達到 100%，徹徹底底的實行事前管理，新年度的成績在舊的年底就已經知道了。

明年嚇嚇叫喔！

明年度的成績
要在年底就決定了

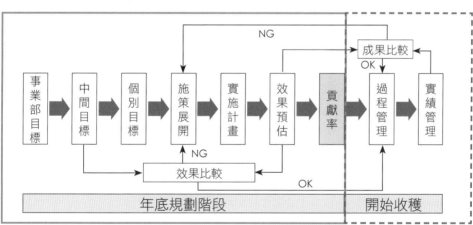

| NG |
| 成果比較 |
| OK |

| 事業部目標 | 中間目標 | 個別目標 | 施策展開 | 實施計畫 | 效果預估 | 貢獻率 | 過程管理 | 實績管理 |

NG

效果比較

OK

| 年底規劃階段 | 開始收穫 |

年度	N 年			N＋1 年											
月份	10	11	12	1	2	3	4	5	6	7	8	9	10	11	12
TP 展開	目標展開			過程管理＋追加施策展開											
	施策展開			新											
				傳統											

1-4-8　　過程與結果並重──確保對策的真實性

　　TP 管理除了重視成果的管理之外，更重視過程之管理，因此進度管理的架構要能同時掌握住成果和過程的進度，以及兩者之間的關聯，在製造業偶而會發生沒有做什麼對策，但成果卻突然轉好的情形，像這種不是掌握之中的現象，也很可能過一段時間之後就消失了，TP 管理重視的是對策與成果的關聯，每一項成果的獲得，是因為做了哪一項對策而獲得的，要一一驗證，如此才能確保對策成果的真實性。

　　如下表之個別施策項目進度管理表，就是可以兼具過程管理和成果管理的管理表。從表上可以看出管理的重點，其一為各個對策工作項目的日程管理；其二為對應對策的日程，產出的成果管理；其三為設定出成果的計算公式，讓任何人來計算都得到一樣的數字。個別施策項目的進度管理是由變形小組的 Leader 負責。

個別施策項目進度管理表

部級主管		中間主管		主擔當	

登錄NO.　　　　所屬個別目標：　　　　實績計算公式：

施策項目	預估投金	實際投金	前年實績	今年目標	CD值	主擔當	協力者	解決期間

預定改善內容or計畫過程	月程 主擔當	1月	2月	3月	4月	5月	6月	7月	8月	9月	10月	11月	12月	年間合計
成果管理	使用計畫(PCS, KG, %, 時間)													
	使用實績(PCS, KG, %, 時間)													
	CD計畫NT$													
	CD實績NT$													
	累計CD計畫NT$													
	累計CD實績NT$													
進度確認														

□預定　Ｖ實施　＜遲延　Ｅ完成

秘訣 9 切入企業的課題不是單一切口,而是彈性的

每一個管理手法涵蓋的範圍其實很廣,但是都只偏向一個主要的管理項目,單一切口,難免顧此失彼。

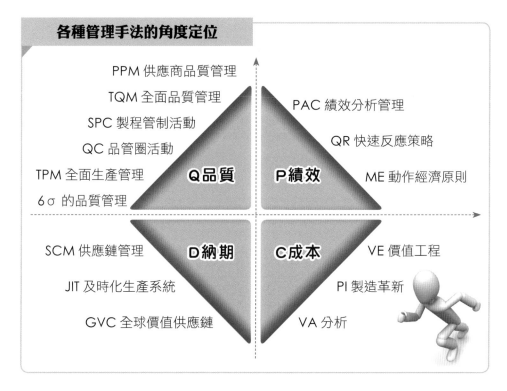

各種管理手法的角度定位

- PPM 供應商品質管理
- TQM 全面品質管理
- SPC 製程管制活動
- QC 品管圈活動
- TPM 全面生產管理
- 6σ 的品質管理

Q品質

P績效
- PAC 績效分析管理
- QR 快速反應策略
- ME 動作經濟原則

D納期
- SCM 供應鏈管理
- JIT 及時化生產系統
- GVC 全球價值供應鏈

C成本
- VE 價值工程
- PI 製造革新
- VA 分析

TP 管理切入企業的課題是彈性的

企業可依照自己目前的實力,將未來想要達成的願景先選擇一個項目或二個項目,然後逐步擴大範圍……。

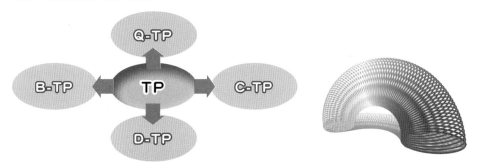

1-4-10　秘訣⑩　TP 管理集眾管理制度的大成

　　長處是 TP 管理制度可以集很多管理制度的大成,如下圖示 TP 管理制度為了總合目標的達成,可活用 TQM、TPM、VA……生產革新……等管理技術,做為施策抽出的手段,所以面對多變的經營環境,是一套最能夠適應的管理制度。

　　TP 管理制度以縱軸做為目標展開,橫軸做為施策展開,形成關聯矩陣架構。

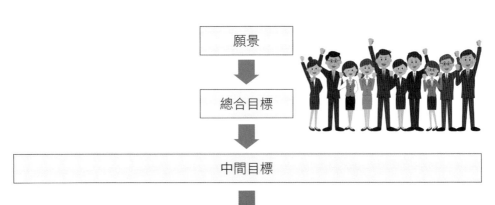

施策展開		個別目標				貢獻率
TQM	○○○					
TPM	○○○					
VA	○○○○○					
生產革新	○○○○○					
事務革新	○○○○○					
……	○○○					
進度管理						
實績管理						

矩陣組織

1-5　已導入企業的成果

日本企業製造指標的定量成果

企業名	製造指標				
	生產力	成本	品質	製造期間	庫存
日立製作所小田原工場	勞動生產力 1.7 倍				
日產車體京都工場	直接生產力提升 30%	成本降低率達到 160%		交期遵率提升 8%	總庫存日數降低 35%
福島日本電氣	生產效率提升 38%		工程良品率改善 60%	製造期間改善 50%	
麒麟啤酒橫濱工場	生產線稼動率提升 4~7%	工廠人工費用降低 34%			庫存日數短縮 2.5 日
三葉	生產力提升 27%		不良損失金額降低 60%		
TDK 靜岡工廠	生產效率提升 40%		不良損失金額降低 50%		
奧林巴斯光學伊那工廠	生產實績提升 77%	製造成本率降低 10%		製造期間短縮 38%	
SONY 豐里	設備總合效率 2 倍	Cost Down 率 35%	客戶抱怨降低 60%	製造期間短縮	

日本企業經營指標的定量成果

企業名	經營指標				
	營業額	利潤	製品	從業員滿意度	環境
日立電線日高工場	營業額1.35倍		顧客滿意度指數2.53倍	滿意度指數2.07倍	
鐘淵化學鹿島工廠	營業額1.3倍		品項增加2.5倍		
日立製作所小田原工廠	營業額2倍		投入最高級水準市場		
福島日本電氣			生產機種增加33%		
麒麟啤酒橫濱工場				加班時間降低18%	
三葉					冷媒使用量削減60%, 加工廢油量削減60%
TDK 靜岡工廠	損益平衡點位置下降6%				
住友電裝總公司、總公司工廠					能源節省50%
奧林巴斯光學伊那工廠	毛利提升52%				

已導入企業	Q.C.D.S.W 脫胎換骨
日本 500 多家含 TOYOTA、Canon、松下、日產等知名企業	製造指標 50%Up 經營指標 50%Up
其他地區 台灣、美國、歐洲、韓國三星、LG、中國	**TP管理因而成為日本製造業的管理聖經**

Q：品質（Quality）
C：成本（Cost）
D：交期（Delivery）
S：服務（Service）
W：庫存（Work in process）

叫我第一名

Chapter**2**

你必須先了解日本能率協會的 TP 管理概要

2-1 如何定義 TP 管理

TP 管理（Total Productivity Management）是 1982 年日本能率協會開發出來的經營管理手法，它的定義如下：

Total	Productivity	Management
T是Total，意味著策略性的投入企業所有的經營資源，整合所有活動的方向。	P是Productivity，意味追求符合真正時代要求的新生產力，將實現顧客滿意的製品競爭力，提高到超一流水準為最大目標。	M是Management，意味展開策略性的目標設定、融合Top Down與Bottom Up，建構充滿活力的PDCA實行體制，確立活用各自企業特色的創造性管理。

1 句話 → 訓練員工，做對事情，把事情做對

掌握 TP 管理關鍵用語

①	S	Service	服務
②	W	WIP	庫存 (材料＋在製品＋成品)
③	C-TP	Cost-TP	以成本為支柱的 TP 管理
④	D-TP	Delivery-TP	以交期為支柱的 TP 管理
⑤	Q-TP	Quality -TP	以品質為支柱的 TP 管理
⑥	M-TP	Material-TP	以材料為支柱的 TP 管理
⑦	CD 目標	Cost Down 目標	降低目標
⑧	DC	Direct Cost	直接成本

⑨	FC	Factory Cost	工廠成本
⑩	TC	Total Cost	總合成本
⑪	TSCM	Total Supply Chain Management	全體的供應鏈
⑫	FMEA	Failure Mode & Effect Analysis	失效模式分析
⑬	IT	Information Technology	資訊科技
⑭	R-F	Result-Factor	結果－原因分析法
⑮	M-M Chart	Man-Machine Chart	人－機作業分析
⑯	BM	Benchmark	本書代表基準值
⑰	PM	Preventive Maintenance	預防保養
⑱	P-Q 分析	Product-Quantity	品種－數量分析
⑲	XO 達成狀況	O 代表達成項目；X 代表未達成項目	
⑳	高度目標	把現況值當做基點，提升或降低到希望達到的點，這一種型態的目標稱為高度目標，高度目標可以是成本、售價、不良率……等	

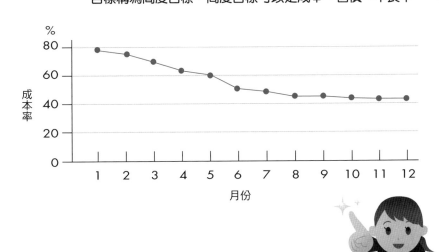

㉑ 面積目標　把高度目標乘上數量就是面積目標，數量可以用營業額、生產數量、銷貨數量……等等來表示。

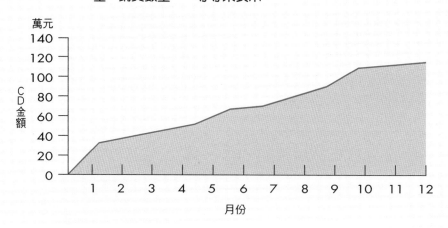

㉒ 施策項目數量飽和度指標

彙總所有施策項目的預估效果 / 年度目標＝預估貢獻率也稱為施策項目數量飽和度指標，超過 100% 的話，表示施策項目數量是足夠的。

㉓ 施策項目執行力度指標

累計實績效果 / 年度目標＝累計實績貢獻率，也稱為施策項目執行力度指標
例如：1~3 月的累計貢獻率目標應為 (3/12 個月) ＝ 25%。
(1~3 月累計實績效果 / 年度目標) ＝累計實績貢獻率 (施策項目執行力度指標)

在第 1 章有提過 TP 管理 10 大秘訣的第 9 條：切入企業的課題不是單一切口而是彈性的、第 10 條：TP 管理集眾管理制度的大成，所以 TP 管理並沒有一套特別一定要怎樣做的工具或模式，為了達成目標，什麼管理手法都可自由的活用，唯一的活動評價基準就是良好的管理狀態，但是推進的方法有 5 個指引。

5個指引

沒有一套固定的
管理模式。
評價基準：只要良好的
管理狀態。

指引1
明示總合的方針，實行戰略經營的目標設定。

指引2
利用總合的系統，實行重點部分的目標展開。

指引3
從總合範圍掃描，實行有效的施策選定。

指引4
維持所有的活力，編成有效率的營運組織體制。

指引5
提高全體高水準的總合實績。

Chapter 2

你必須先了解日本能率協會的 TP 管理概要

從過去導入 TP 管理制度的企業，可以了解到，依照企業的事業內容、企業型態、管理體制各有各的特徵，又因應社會的變遷，經濟環境的變化，活動重點也跟著改變，可以說 TP 管理制度是一項研究發展型的管理技術。

2-3-1　思維 ❶　TP 管理的基本想法

　　TP 管理的基本想法用一句話來表示：為了達成最高經營者所期待的一個事業應有的面貌以及想要有的願景，而訂定數據目標，並朝著目標方向，有機性地結合所有構成組織要素的一個管理制度。換句話說：

　　T ＝把所有力量加起來

　　P ＝有效能且有效率的去伸展它

　　M ＝有機性的管理制度

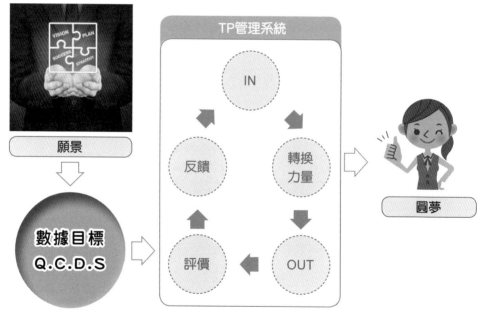

願景

數據目標
Q.C.D.S

TP管理系統

IN

反饋　轉換力量

評價　OUT

圓夢

有機性的活力系統

2-3-2　思維2　傳統生產力與新生產力 Productivity 之差異

傳統對生產力的看法，是生產力＝產出量 ÷ 投入量，利用這種方法，各種不同條件、不同狀況的生產都可以在同一基礎上作檢討，所以運用在目標與實績的對比、期間的比較、製品的比較、企業的比較、國與國的比較，發揮了很大的貢獻。

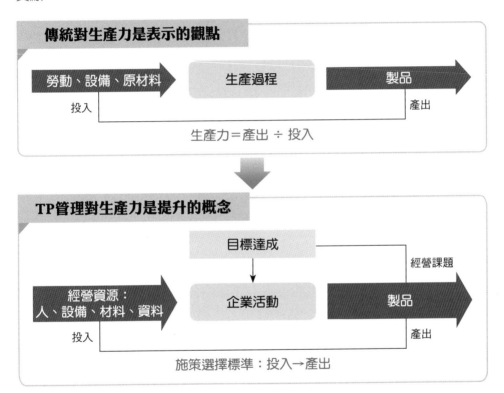

傳統對生產力是表示的觀點

勞動、設備、原材料　→　生產過程　→　製品

投入　　　　　　　　　　　　　　　　　　產出

生產力＝產出 ÷ 投入

TP管理對生產力是提升的概念

目標達成　　　　　　　　　　　經營課題

經營資源：
人、設備、材料、資料　→　企業活動　→　製品

投入　　　　　　　　　　　　　　　　　　產出

施策選擇標準：投入→產出

但是 TP 管理對生產力的看法是站在生產力向上提升的概念，所以追求的是生產的架構，基本思想如上圖所示，提升生產力的活動並非是隨意的進行，而是能夠確保利益或是滿足顧客，利用提升生產力來實施欲達成的經營課題，這個課題包括達成目標和施策選擇標準，所謂達成目標就是將願景轉換成具體的目標項目，例如：製品性能提升、降低成本或產量增加等用數值具體表示的項目。所謂施策選擇標準就是藉目標展開、施策展開、施策的選定這樣的過程，所選擇出來的施策項目，對目標的達成最有幫助、最有意義，因為每個施策項目都能夠明示各自的作用。

因此 TP 管理的 Productivity 生產力指的是，投入該管理系統的資源，變換成提供給顧客的商品或服務的力量，有時候生產力被解釋為狀態表示的比較數值，又被認為只適用於製造部門，但是理想中所謂生產力的這種想法，是比喻為實現超一流水準之商品競爭力的目標，所醞釀出來的創造力，也就是說商品的品質和性能是商品的競爭力之外，商品的價格、交貨期或者是服務，也都是商品的競爭力，生產力就是掌握住如何生產出具有競爭力商品的方法，如圖示實現超一流商品競爭力的創造力就是生產力，所以生產力就是為了達成目標，如何目標展開，如何施策選定的創造力。

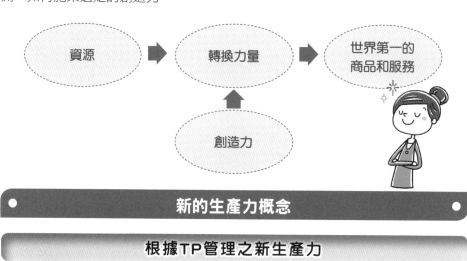

新的生產力概念

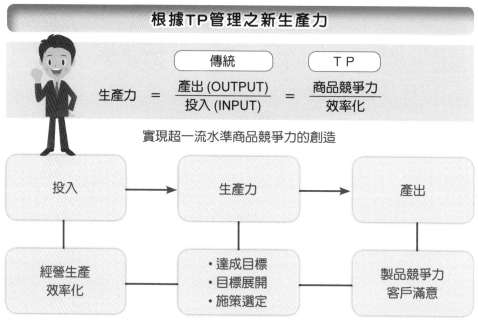

2-3-3 思維 3 目標展開 Top Down

原本 TOP 是指集合所有向量的意思，以山來譬喻的話，從山腳劃線所集合起來的頂端就是 TOP。以賽跑來譬喻的話，將參賽的人用繩子連結起來，跑在最前端的就是 TOP，以 TOP 先進行這種方式就是 Top Down，利用 Top Down 的方式，讓全公司成為一體，製造一個邁向提升生產力、確立實現目標的制度，全公司或事業部的所有目標朝向一個方向，向量一致，則沒有無意義的目標項目。

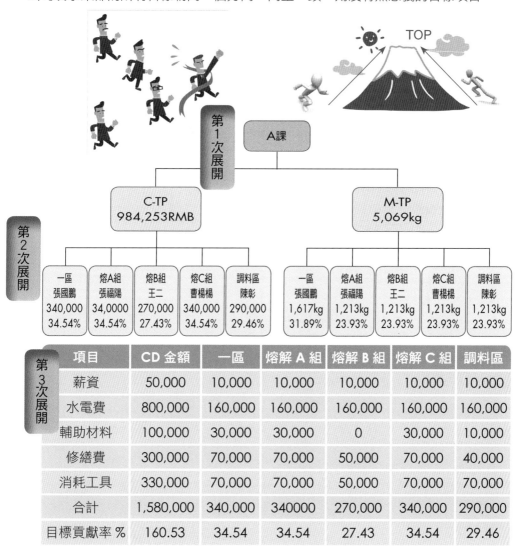

項目	CD 金額	一區	熔解 A 組	熔解 B 組	熔解 C 組	調料區
薪資	50,000	10,000	10,000	10,000	10,000	10,000
水電費	800,000	160,000	160,000	160,000	160,000	160,000
輔助材料	100,000	30,000	30,000	0	30,000	10,000
修繕費	300,000	70,000	70,000	50,000	70,000	40,000
消耗工具	330,000	70,000	70,000	50,000	70,000	70,000
合計	1,580,000	340,000	340000	270,000	340,000	290,000
目標貢獻率 %	160.53	34.54	34.54	27.43	34.54	29.46

第 3 次展開

2-3-4 思維④ 施策展開 Bottom Up (水準向上)

Bottom 是指為了支持全體的存在和成果的實現，就必須要有一個像大花壇般不容易垮的底盤，那個底盤不穩固的話，全體的狀況也會不佳，所以勢必要講求底盤的水準向上，也就是追求 Bottom Up。但是像這樣的 Bottom Up 的活動，如果失去了方向，是不能期待有很大的成果的，在 TP 管理之下，能夠有效地利用 Bottom Up 將各部分的水準提升，利用 Top Down 確實地連結全體欲達成的目標，期能構築一個大幅提升生產力的基盤，如此一來，所有的員工，就能認為自己的工作是有意義的，自己的辛苦絕對沒有白費，進而能夠盡自己最大的能力於工作上，員工在工作上獲得了成就感之後，就可解除背負著改善、成果實現的包袱，消除被差遣的感覺，實際感覺到職場是活力的泉源。

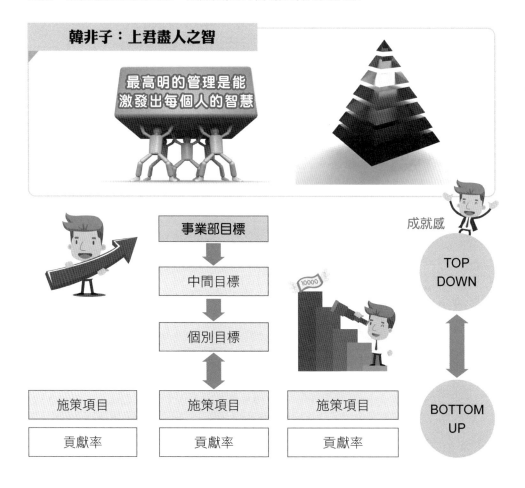

2-3-5 思維 5 不斷伸展主義

　　TP 管理是重視顧客導向的管理方式，要敏銳的察覺到顧客的期待是什麼？且競爭對手不斷地在提升競爭力，因而必須提升自己實力，不斷地伸展自己實力，築一道牆讓對手無法超越。

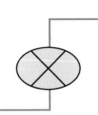

例如：參加球類比賽前，為了取得勝利，
不能只去看醫生找出身體裡的毛病找藥醫。
而是要向外了解對手的狀況，就算自己的擊球力很強，
一旦對方的能力更勝一籌的話，就必須提升自己，超越對方的能力。

2-3-6 思維 6 人人看得見有形的管理制度

　　TP 管理是人人看得見，有形的管理制度，從經營課題設定→總合目標展開→中間目標展開→個別目標設定→施策展開→後補施策項目一覽表→施策項目選定→變形小組決定→討論施策方法→決定實施日程→預測成果→預估貢獻率計算→開始實施→進度管理→成果管理等等步驟完全拉成一條線，完全一目了然。

　　如 TP 管理系統圖所示：TOP 提出戰略經營上的課題，為了達成課題，第 1 步進行總合目標的提示，需轉換成數據化的數字 (例如：Q、C、D、S 的具體目標)，第 2 步進行目標的多層展開，第 3 步進行選定施策項目，第 4 步進行建立合作的體制，第 5 步進行工作進度和成果獲得的管理。

TP 管理系統圖

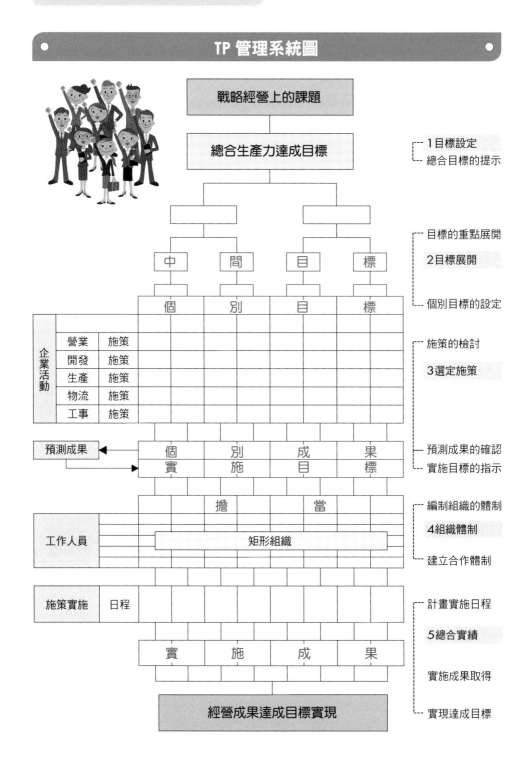

戰略經營上的課題

總合生產力達成目標

┈ 1目標設定
┈ 總合目標的提示

中　間　目　標

┈ 目標的重點展開
2目標展開

個　別　目　標

┈ 個別目標的設定

企業活動	營業	施策	
	開發	施策	
	生產	施策	
	物流	施策	
	工事	施策	

┈ 施策的檢討
3選定施策

預測成果

個　別　成　果
實　施　目　標

┈ 預測成果的確認
┈ 實施目標的指示

擔　　當

┈ 編制組織的體制
4組織體制

工作人員　　矩形組織

┈ 建立合作體制

施策實施　日程

┈ 計畫實施日程
5總合實績

實　施　成　果

實施成果取得

經營成果達成目標實現

┈ 實現達成目標

　　將最高經營者的想法具體化，就是將想要達成的目標以具體的數據來表示，例如：以成本降低來說，不是用成本降低多少百分比來表示，而是這個製品希望達到多少價格和多少服務來表示，這是 TP 管理的一個重點。以製造業來說，最少要明示出最高經營者想要 Q、C、D、S 達成什麼樣的數據，將目標清楚地描繪出來。

　　企業間的競爭就是製品的品質、性能、品味、價格、交期或者售後服務⋯⋯等的競爭，所以企業要在競爭中脫穎而出，必須將二個戰略合為一體，一個是如何提供能符合顧客需求之製品和服務的對外戰略；一個是如何以企業所有資源，讓對外戰略得以實現的內部戰略，如圖示戰略的活動系統，中間顯示出要達到的目標，圖左邊是對外戰略，顧客滿意度向上，必須達成業績目標的活動系統；圖右邊是支撐業績目標達成的對內戰略，體質目標向上的活動系統。

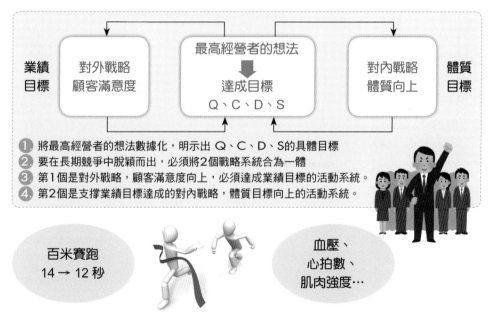

1. 將最高經營者的想法數據化，明示出 Q、C、D、S 的具體目標
2. 要在長期競爭中脫穎而出，必須將 2 個戰略系統合為一體
3. 第 1 個是對外戰略，顧客滿意度向上，必須達成業績目標的活動系統。
4. 第 2 個是支撐業績目標達成的對內戰略，體質目標向上的活動系統。

百米賽跑
14 → 12 秒

血壓、
心拍數、
肌肉強度⋯

　　換句話說，企業要一面提升體質，一面進攻業績目標，例如：體質目標就是支撐業績目標達成的基礎力量，以百米賽跑當作例子來說明，假設目前的成績是 14 秒，而為了讓成績進步到 12 秒時，這中間 2 秒鐘的縮短即可比喻為業績目標，而為了達成這個目標，將選手的體質改善到最佳狀態（血壓、心拍數、肌肉強度、尿酸值、GOT、GPT 等）的過程，即可比喻為體質目標。

2-3-8　思維 ⑧　追求全體的最佳化

　　把多樣的經營課題展開，設定各部門的達成目標，再進行活動是一般的方式，然而每個人以達成自己部門的目標為前提而採取活動，卻無法把握自己在全體中的位置，此時可能會發生造成其他部門負面影響以及給予其他部門協助的順位低下並導致與全體最佳化的負面結果，這就是所謂的部門之壁，此外為了每個Q、C、D、S 的目標達成的施策，而對其他目標產生負面影響的可能性也不低，例如：短交期化、即時化可能是導致費用提高的要因等。

　　然而 TP 管理則將每個經營課題所設定的達成目標分別展開為個別目標和個別施策，並將全體整理成一覽表如圖所示，依據這個矩陣圖既可以認識目標之間的關聯性和每個目標的重要性，又可以確認某個目標的施策對其他目標所產生的影響，只要能活用這個矩陣圖，即可使資源的重點分配和個人的角色扮演更為明確，繼而追求全體的最佳化。

　　將全體施策項目整理成橫軸，目標的展開整理成縱軸，從關聯矩陣圖確認各施策之間正面及負面的影響，然後做最佳化的選擇。

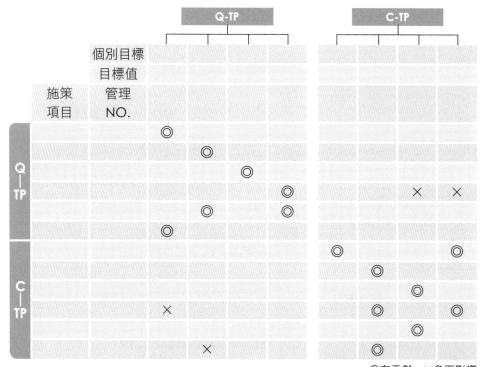

◎有貢獻　×負面影響

選擇施策項目時，應該要檢討所有適用於管理技術的施策項目，例如：研究開發、設計、受注、調達、生產計畫、設備設計、保全、工程設計、製造條件、作業方法、外注管理、運搬、資訊處理……等等過程後，再從中選出最適合達成目標的施策項目是最重要的。

施策選定會因人而異，會跟著人的強項走，或挑容易的做，為了防止避重就輕，介紹 JMAC 開發的 TP 施策展開法，它能大改善、小改善，大小通吃。

Chapter 2

你必須先了解日本能率協會的 TP 管理概要

TP 施策展開法

防止遺珠和挑軟柿子

步驟	目的
1. 可能性檢討	探索達成個別目標的方法
2. 鎖定課題	進行損失分析，鎖定要改善的課題
3. 現狀分析	進行現狀分析，找出原因
4 施策提取	利用 IE 技術，提取改善的 Idea
5. 施策項目選定	評價 Idea，選定施策項目
6. 實施計畫策定	作成個別施策項目的實施計畫
7. 貢獻率計算	計算每個施策項目的貢獻率

2-3-10 思維⑩ 管理的狀態評價

　　TP 管理除了重視成果的管理之外,更重視過程之管理,因此進度管理的架構要能同時掌握住成果和過程的進度,以及兩者之間的關聯,在製造業偶而會發生沒有做什麼對策,但成果卻突然轉好的情形,像這種不是掌握之中的現象,也很可能過一段時間之後就消失了,TP 管理重視的是對策與成果的關聯,每一項成果的獲得,是因為做了哪一項對策而獲得的,要一一驗證,如此才能確保對策的成果之真實性。

掌握住施策與成果的關聯性
才能確保對策成果的真實性

因果關係圖

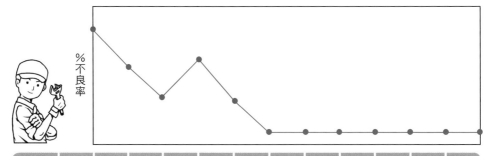

日期	判斷	1	2	3	4	5	6	7	8	9	10	11
對策1	○	○										
對策2	○		○									
對策3	×			○								
對策4	○				○							
對策5	○					○						
……							……					
……							……					

　　TP 管理強調成果與過程並重,從圖上我們可以看到對策和不良率的變化,如此掌握住施策與成果的關聯性,才能確保對策成果的真實性,否則不良率為什麼會下降不知道理由的話,不良率也會在不知不覺中又上升。

2-4 TP 管理推進的基本方法

2-4-1 TP 管理的活動系統

　　TP 管理由二個基本的主流而成立的，第一個是以滿足顧客為基本，具有業界一流的 Q、C、D、S 為志向的外部導向的主流；第二個為謀求事業、企業之體質革新的內部導向的主流。也就是一邊必須滿足從企業經營 CS（顧客滿足度）所產生的外部指向指標，另一方面同時要將事業部或工廠打造成業界一流，為了實現這樣子的公司體制，所推動的體質革新就是 TP 管理。其重點是在於市場上製品的競爭而並非企業內或工廠內同事們的競爭。

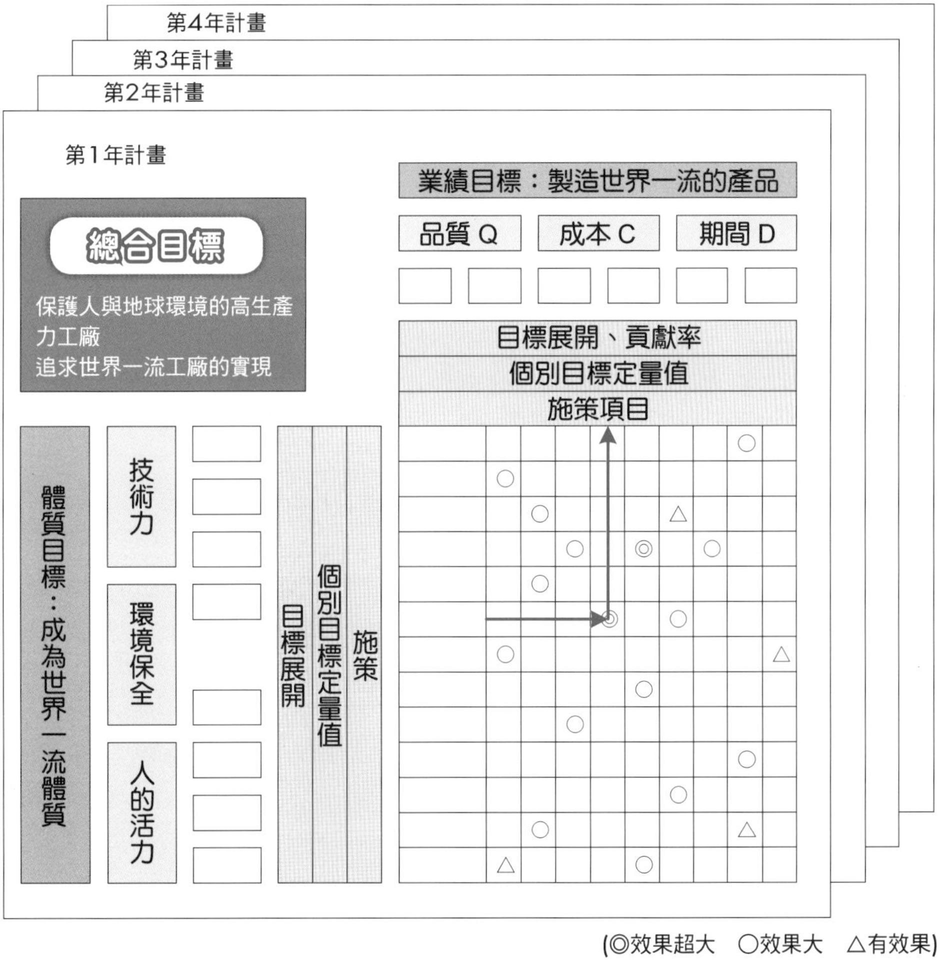

第4年計畫

第3年計畫

第2年計畫

第1年計畫

業績目標：製造世界一流的產品

品質 Q	成本 C	期間 D

總合目標

保護人與地球環境的高生產力工廠
追求世界一流工廠的實現

體質目標：成為世界一流體質

技術力

環境保全

人的活力

目標展開

個別目標定量值

施策

目標展開、貢獻率
個別目標定量值
施策項目

(◎效果超大　○效果大　△有效果)

透過這樣的活動系統，有下列的期待事項：

1. 謀求全體前進的明確目標，並使事業全體的努力集中、一致。

2. 有系統地展開全體的總合目標，並建立起確認具有製品競爭力之重點體制。

3. 讓總合目標→個別目標→施策展開達成一貫性，並使期待的目標達成狀況明朗化。

4. 強調特徵及優點，讓每個人了解個人的活動對目標有何貢獻，提高活動的意願。

5. 構築出適應經營環境變化及獲得計畫中良好佳績的戰略性經營制度。

2-4-2　總合目標設定

　　以顧客導向當作主軸，靈敏反應內外情勢的變化，並能持續地滿足企業的使命等因素，來設定戰略性的總合目標。正確地了解企業外部的變化，例如：①市場需求動向；②全球環境；③舒適環境；④海外的關聯。其次，實行對企業內部條件、經營願景、戰略性經營方針的設定。差別化的 Q、C、D、S 應有的水準，總合性地分析檢討，最後依據上述二點的關聯，設定中長期經營計畫目標，然後再由大處著眼、高處著手檢討 TP 管理，如右圖所示，進行設定階段性的目標，詳細觀看企業體質和市場狀況，訂定重點，並取得有根據性的設定步驟之推進方法是很重要的。

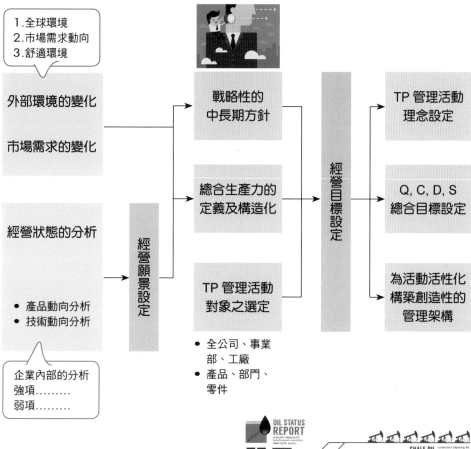

戰略的總合目標設定概念圖

1. 全球環境
2. 市場需求動向
3. 舒適環境

外部環境的變化

市場需求的變化

經營狀態的分析

- 產品動向分析
- 技術動向分析

企業內部的分析
強項………
弱項………

經營願景設定

戰略性的
中長期方針

總合生產力的
定義及構造化

TP 管理活動
對象之選定

- 全公司、事業
  部、工廠
- 產品、部門、
  零件

經營目標設定

TP 管理活動
理念設定

Q, C, D, S
總合目標設定

為活動活性化
構築創造性的
管理架構

2-4-3　作成目標展開和施策展開矩陣圖

　　總合目標設定之後，要轉移到個別目標的展開，目標展開的時候，得取得各部門間的連繫，共同朝向具體化的目標邁進，目標要具體化，要做到各部門都能夠實施的系統化程度，總合目標→中間目標→個別目標的各個個別目標，必須決議出目標值，且訂定出貢獻率。這個展開，經過反覆的幾次上下層討論之後，對於全體目標的關聯，漸漸地形成系統化，然後以個別目標為分類，尋找好點子，整理詳細的施策項目，使其群組化，再把這個群組化的項目作為縱軸，個別目標當做橫軸，便作成了目標和施策關聯矩陣展開圖。

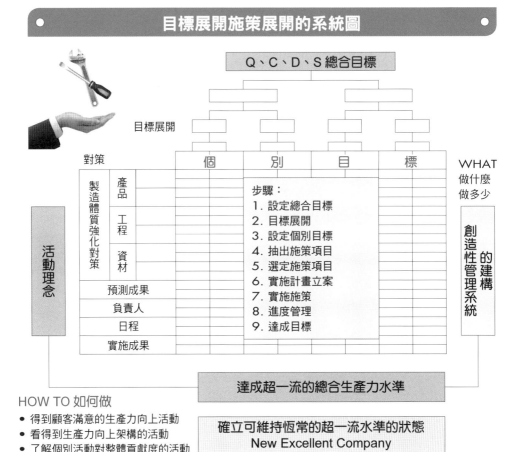

目標展開施策展開的系統圖

Q、C、D、S 總合目標

目標展開

對策　　　　個　　別　　目　　標　　　WHAT 做什麼 做多少

製造體質強化對策
- 產品
- 工程
- 資材

步驟：
1. 設定總合目標
2. 目標展開
3. 設定個別目標
4. 抽出施策項目
5. 選定施策項目
6. 實施計畫立案
7. 實施施策
8. 進度管理
9. 達成目標

預測成果
負責人
日程
實施成果

活動理念

創造性管理系統 的建構

達成超一流的總合生產力水準

HOW TO 如何做
- 得到顧客滿意的生產力向上活動
- 看得到生產力向上架構的活動
- 了解個別活動對整體貢獻度的活動

確立可維持恆常的超一流水準的狀態
New Excellent Company

2-4-4　TP 管理的推進基本步驟 (5 階段 16 步驟)

　　TP 管理的推進步驟，因各企業的特性，推進的方法會有些差異，一般的基本步驟是以下表表示。這 16 個 TP 管理的基本步驟，是將各企業之長處更加的發揮，且為了達成重點目標，組織全體的推進方法。

　　大致上，以①導入準備階段；②導入開始階段；③導入實施階段；④ TP 管理定著完成階段；⑤ TP 獎受審階段 5 個階段來展開。特別的是 TP 管理是根據經營願景來結合經營方針和事業戰略，所以最高經營者的方向決定、決策在導入階段是特別重要的。

TP 管理推進的基本步驟

階段	步　　驟	備註
導入準備階段	1. 最高領導者決定導入 TP 管理	
	2. 導入 TP 管理的實踐教育	
	3. 成立 TP 管理推進組織	
	4. 水準診斷、TP 管理基本方針及總合目標設定	• 每年重複步驟 4.~13. • 擴大範圍 • 提升展開的水準
	5. 確立適合自社的 TP 目標展開及施策展開系統	
	6. 確定 TP 管理推進的基本計畫	
導入開始階段	7. 開始 TP 管理	
導入實施階段	8. 詳細展開 TP 管理	
	9. 設定重點目標及個別目標	
	10. 訂定個別施策的實施計畫	
	11. 實施個別的施策	
定著完成階段	12. 管理系統立案推進	活動診斷 受審洽談
	13. 獲得總合成果	
TP 獎受審準備階段	14. TP 管理展開及完全實施使得水準提升	TP 獎 受審洽談
	15. TP 管理活動整體評價	
	16. TP 獎受審日程立案及接受評審	

　　由於 TP 管理在日本地區已定著，所以 TP 賞已停止受理，因此第 16 項僅供參考。

2-4-5　TP 管理的診斷

　　TP 管理的水準可區分成二個觀點來做評價：

　　其一為現在的狀態指標，稱為基礎體力診斷，包含品質力、成本力、交期力、生產力、管理基礎及技術基礎等 6 個指標。每個指標的評價項目各有 5 個，所以基礎體力的評價項目共有 30 個細項，例如：品質力的 5 個評價項目和評價點：

評價項目	評價點				
	4 點	3 點	2 點	1 點	0 點
品質力（Q） 1.品質的對應力	沒發生客戶抱怨		關於客戶抱怨的原因明確，確實施行再發防止對策。	對於客戶抱怨，因對策不充分，有再發情形。	
2.標準作業的確立狀況	確立充分考量過關於 Q、C、D、S 的作業標準並遵守。		為做出品質之作業要點的傳票不充分	雖有作業標準書，但未加以活用。	
3.品質標準之類的整備狀況	理論上決定的檢查工程及品質基準的 QC 工程表整備並遵守。		QC 工程表已整備，活用於管理上。	QC 工程表是為對應客戶而做，內容及對象範圍不充分。	
4.最適檢查方式之體制	將客戶抱怨及工程中不良充分分析，設定檢查工程及檢查項目，不良品不流出給客戶。		雖將客戶抱怨及工程中不良充分分析，設定檢查工程及檢查項目，但發生不良品流出。	有應付式的檢查體制	
5.品質管理架構及品質保證系統	品質管理、保證部門明確，管理系統嚴謹，並被遵守。		雖有體制，但緊急時也會有不遵守的情形。	系統本身不明確	

(註)：5 個評價點分成 3 個評價項目，落點約對齊在 0.67 點與 2.33 點，依實際調查事項，再決定其落點。

其二為管理力指標以 Top Down、Bottom Up 和關係部門的合作來提升水準的管理，稱為管理力診斷，包含總合生產力掌控方法及對象範圍、有系統的計畫及展開、營運組織及支援體制、活動的水準及總合成果的獲得水準等 5 個指標。

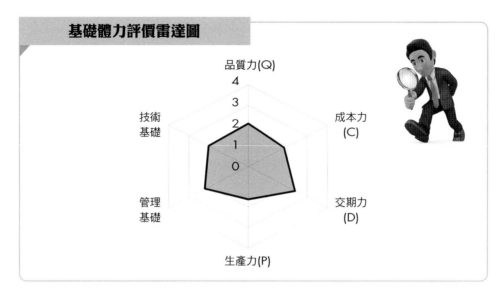

基礎體力評價雷達圖

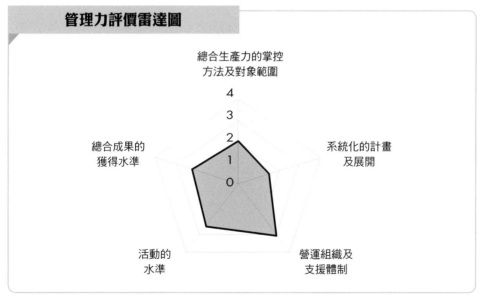

管理力評價雷達圖

有關基礎體力和管理力的評價項目共有 55 個，在本書的第 3 章會有詳細列表，請參考第 3 章。

2-4-6 TP 管理的型態

　　目前為止，在各公司進行了許多的 TP 管理的活動，面對所設定的課題所做的施策可以分類為幾種 TP 管理的型態，在欲採取新的 TP 管理時，可以作為選擇的參考。

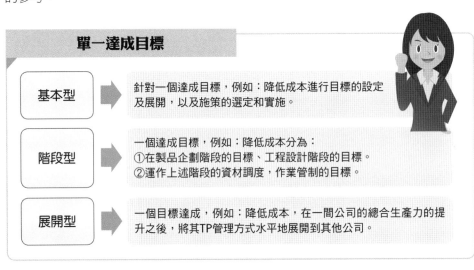

單一達成目標

基本型 → 針對一個達成目標，例如：降低成本進行目標的設定及展開，以及施策的選定和實施。

階段型 → 一個達成目標，例如：降低成本分為：
①在製品企劃階段的目標、工程設計階段的目標。
②運作上述階段的資材調度，作業管制的目標。

展開型 → 一個目標達成，例如：降低成本，在一間公司的總合生產力的提升之後，將其TP管理方式水平地展開到其他公司。

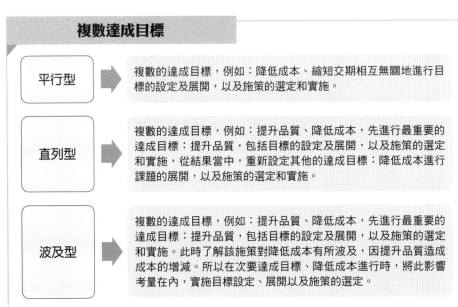

複數達成目標

平行型 → 複數的達成目標，例如：降低成本、縮短交期相互無關地進行目標的設定及展開，以及施策的選定和實施。

直列型 → 複數的達成目標，例如：提升品質、降低成本，先進行最重要的達成目標：提升品質，包括目標的設定及展開，以及施策的選定和實施，從結果當中，重新設定其他的達成目標：降低成本進行課題的展開，以及施策的選定和實施。

波及型 → 複數的達成目標，例如：提升品質、降低成本，先進行最重要的達成目標：提升品質，包括目標的設定及展開，以及施策的選定和實施。此時了解該施策對降低成本有所波及，因提升品質造成成本的增減。所以在次要達成目標、降低成本進行時，將此影響考量在內，實施目標設定、展開以及施策的選定。

關聯型		各自展開設定複數的達成目標，例如：提升品質、降低成本。在選擇施策時，檢討一個施策會帶給其他的達成目標什麼樣的影響，例如：品質施策會帶給降低成本負面影響，釐清關係之後再進行施策的選定及實施。
調整型		各自展開設定複數的達成目標，例如：提升品質、降低成本。然後在擔當部門顯示個別目標。擔當部門可調整其個別目標。例如：提升比原目標更高的品質，而減少對等的成本降低目標。
多重型		一個提升總合生產力的課題，例如：顧客滿足，以品質、數量、時間、金額為達成目標。此外，再設定不同的提升總合生產力的課題，同時兼顧兩課題展開目標，進行施策的選定及實施。

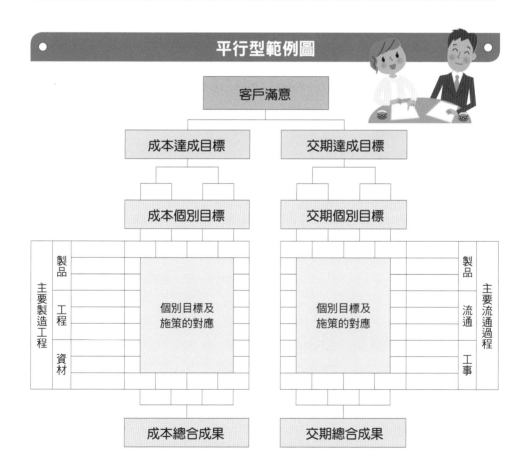

平行型範例圖

客戶滿意

成本達成目標

交期達成目標

成本個別目標

交期個別目標

主要製造工程：製品／工程／資材

個別目標及施策的對應

個別目標及施策的對應

主要流通過程：製品／流通／工事

成本總合成果

交期總合成果

　　TP 管理很多人以為就是 TPM，尤其是 TPM 最近進展到範圍較廣的全面生產管理 (Total Productive Management System) 時更讓人混淆，為了區分 TP 管理與 TPM 的不同，就定義、管理手法、營運方式及特色等加以分別於下表説明之。

	TP 管理	TPM
英文名稱	Total Productivity Management	Total Productive Management
定義	戰略的生產力向上及創造有魅力的企業： 1. 準確且有效率地達成企業意圖達到的生產力向上的目標為目的。 2. 以由上往下、重點主義的姿勢為基本。 3. 企業全體的活動和目標直接連結，明示出對目標達成有什麼樣的貢獻。 4. 有效地構築充滿熱情活力的實行體制。 5. 全員團結一致，展開生產體質的革新，以及持續營運的經營管理技術。	藉由人員及設備的體質改善來改善企業體質： 1. 追求生產系統效率之極限，總合的效率化之企業體質為目標。 2. 以生產系統生命週期全體為對象，將現場現物構築成零災害、零不良、零故障等，並建構預防所有損失的架構。 3. 從生產部門開始到所有的部門。 4. 從高階到第一線從業員全員參加。 5. 藉由重複的小集團活動，達成零損失。
管理手法	1. TP 展開 　• 目標展開 　• 施策展開 　• 改善施策 2. 以 IE 為中心，各種管理技術及手法的活用	1. 設備管理手法 　• 計畫保全、自主保全的結構 2. 故障解析手法 　• FMEA 等 3. 分析手法 　• PM 分析、事物分析 4. 設備診斷手法 　• 預知保全

	TP 管理	TPM
營運方式	1. 方針管理 2. 事例檢討會 3. 個別指導會	1. 步驟展開 2. TOP 診斷 3. 指導會
手法的特徵	1. 明示以 CS 導向的戰略目標。 2. 從 CS 到總合目標的邏輯。 3. 生產力指標的明確化。 4. 從總合目標到全體施策的關聯性全部看得見。 5. TP 展開是有思想的，適切地表示方法的功夫是必要的，配合 TP 管理的特徵，靈活運用系統圖、矩陣圖。 6. 有必要引用其他管理技術，如 IE、QC、VE 等。	1. 以對設備保全有用的手法為中心： 例如：設備管理手法、故障解析、設備診斷。 2. 在現場活用的設備管理手法很多： 例如：設備點檢表、品質小組等的自主保全。 3. 對設備面改善有用的手法很多： 例如：FMEA、PM 分析。 4. 對品質面改善有用的手法不充分。 5. 製品的初期管理的手法不充分。 6. 沒有戰略、方針管理面的手法。
今後的課題	1. 高理想目標推算方式的開發及挑戰。 2. 市場及需求變化的對應。 3. 製品別 TP 概念的明確化。 4. 適合各企業特性的 TP 展開系統。 5. 研擬更多營業部門的推進方法。	1. 設備與品質面的連結手法之充實。 2. 確實地維持設備條件的手法之充實。 3. 適合各公司設備診斷技術之充實。 4. 保全性好的設備開發手法之充實。

Chapter 3

專門為華人產量身訂做的 TP 管理

3-1-1 組織架構

TP 管理是一個長期性的活動，且是一個沒有固定模式的管理手法，要隨著外界環境的變化和最高經營者的想法變更，隨時要做調整，因此要成立一個常設性的推動組織，將有利於各項活動的推進。TP 管理推進的組織可視企業的大小而有所不同，不一定要設置專職的人員，可用委員會的方式成立其組織，主任委員可由企業負責人或對企業的資源分配有決策權的次高階主管來擔當最為適當。為能統籌全公司 TP 管理的推動，於主任委員下可設事務局，而事務局的成員可設總幹事一員及組員數人，由總幹事負責整個 TP 管理活動之運作與管理，如公司之人力許可，可設為專職較佳。如為兼職時，則總幹事之職級越高，其運作將會越順利。如上圖事務局之外，設立各部的推進委員，推進委員由各部門的主管來擔當，負責各部門的 TP 管理的推進工作。在各部門推進委員下，又設有變形小組，這些小組是跨部門且變動的，任務發生時，小組就產生；任務結束時，小組就又隨著新的任務而改變組員，通常這些小組的小組長是由施策項目的主擔當擔任。

3-1-2 擔當職責

主任委員之任務 (各事業部長擔當)

① 戰略目標之設定，方針的決定
② 總合目標之設定
③ 目標展開之承認
④ 重大事項的裁定
⑤ 召開 TP 管理委員會

部門推進委員之任務 (各部、課長擔當)

① 部門目標展開
② 部門施策展開
③ 部門 TP 管理活動之推行
④ 部門 TP 管理成果之掌握與管理
⑤ 參與 TP 管理推進的進度及工作檢討會

變形小組之任務 (主任線長 M 級幹部混合編成)

① 專案活動承接
② 施策展開
③ 進度成果報告
④ 隨任務存在而存在，隨任務消失而解散

事務局之任務 (各部 IE 能力中階主管擔當)

① 企業診斷
② 教育活動
③ TP 推進主計畫擬定
④ 全體目標展開之推進整合
⑤ 全體施策展開之整合
⑥ 管理制度之規劃、推進、執行
⑦ 全體成果之掌握與管理
⑧ 資料之整理

3-2　管理水準診斷

3-2-1　正確認識公司的實力

　　企業管理水準的評價是指依管理力診斷評價表 25 個項目和基礎體力評價表的 30 個項目做評價，目的是讓最高經營者和管理階層人員正確認識到自己公司的實力。透過此一診斷的結果來決定今後的檢討課題之優先順位，並訂立有效的活動展開計畫。企業管理水準的評價擔當者為力求客觀，最好是聘請有 TP 管理經驗的專門人員擔任此項工作，工作天數 2 人 2 天程度就足夠了，其評價結果會以雷達圖的方式出現，如下圖管理力評價雷達圖和基礎體力評價雷達圖。

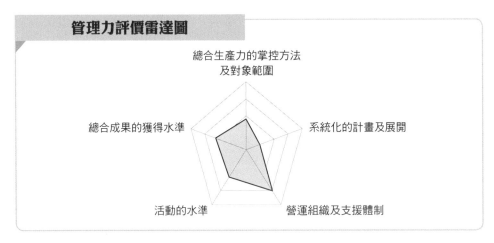

管理力評價雷達圖

總合生產力的掌控方法及對象範圍

系統化的計畫及展開

營運組織及支援體制

活動的水準

總合成果的獲得水準

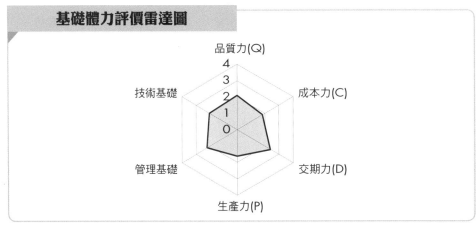

基礎體力評價雷達圖

品質力(Q)

成本力(C)

交期力(D)

生產力(P)

管理基礎

技術基礎

管理力診斷評價表

評價項目		評價點				
		4點	3點	2點	1點	0點
1 總合生產力掌控方法及對象範圍	1. 總合生產力的思考方法	明確的顯示		有顯示		不容易了解
	2. 對象範圍的階段性擴大	目前確實在施行,將來對象範圍擴大的展開是明確的。		現在及下一步驟都有顯示		不確定
	3. 客戶期待項目的把握	每個製品類別都明確地呈現客戶期待的項目		放入顧客導向想法		內部管理導向的想法很強
	4. 考慮從業員及社會環境	從業員及社會環境方面的努力及方針明確地實施		想法有顯示,部分有實施。		努力不夠
	5. 企業、公司的營運課題及中長期計畫等的連動	活動所有的課題整理得很好,充分地反映在計畫中。		課題及方針有整理		課題有整理
2 有系統的計畫及展開	1. TP管理的戰略系統	中長期計畫等的關聯是明確的,按照步驟邏輯地展開,系統圖作成。		大致上畫出系統圖		未整理
	2. 總合目標高度的決定方法	總合目標的高度及著眼點超出一般		總合目標被設定的決定方法可理解		總合目標是被決定的

評價項目	評價點				
	4 點	3 點	2 點	1 點	0 點
3. 目標展開一覽表及作成過程	現場及幕僚人員全體合作徹底地將目標展開		只有一部分的管理者及幕僚集合來作成		以幕僚及事務局為中心來做成
4. 各階段目標的定量化	從必要性及可能性兩方面將目標定量化，貢獻率等也變得明確。		因應職場的狀況展開目標，也知道貢獻率。		呆版地展開目標，看不到階段的目標展開。
5. 為達成目標所有活動的施策檢討	企畫包含從上游到下游階段的所有活動的施策檢討，並實行之。		與自己所屬部門以外共同檢討施策		以自己所屬部門為中心，施策檢討並不充分。
3 營運組織及支援體制　1. 推進組織及活動內容	讓推進組織中相互的關聯明確		推進組織及活動內容明確		推進組織曖昧不明
2. 營運方法的特徵及技術	擁有企業公司特徵的獨特之活動，運用得心應手。		有企業公司獨自的活動		有各個層面的活動
3. 事務局之位置所在及角色	事務局積極地掌握經營狀況，並支援各部門。		支援各部門，對延遲的事務跟催		事務局只是從事活動彙整的角色
4. 活性化的技術	最高經營者親自積極地從事公司內發表會及現場視察，如此一來就形成架構。		雖有活性化的技術，稍微有些勉強。		看不見技術
5. 必要的教育體制及活用	做出能力圖，有計畫地實施預備教育。		做成符合需求之教育體制		有教育體制

評價項目		評價點				
		4 點	3 點	2 點	1 點	0 點
4 活動的水準	1. 實現性高的施策實施計畫	使每個人的努力不致於浪費的實現力展開於高的施策水準		為達成目標的協商及重點施策推進方法計畫階段性地執行	有施策計畫	
	2. 對所有部門滲透的狀況	一個個的課題在全部門的從業員展開著		活動遍及所有部門	一部分的活動程度	
	3. 部門間的協力程度	組織間的壁壘除去，相互合作的信賴感充滿於活動中。		部門間聯手一致地活動	到處都以如果努力好像就會好轉的方式，部門間的壁壘仍存在。	
	4. 推進過程中的進度管理方法	所有部門的進度及挽回的持續方法是明確的		各施策進度狀況及挽回有持續進行	只進行交貨期的管理	
	5. 可快速完成之實績管理	非一時性的而是持續不斷的向上、可改革的實績管理機制固定化。		有實績管理的機制	不充分	
5 總合成果的獲得水準	1. 總合目標的達成率、提高率	確保可代表業界無人能及的實績		可達成意圖的總合目標	不充分	
	2. 管理上定性的效果	TP 管理著眼處之定性效果顯著的呈現出來		效果可見	僅限於部分效果	
	3. 活動的固定化及持續性	因為重視有系統再現性地展開，有很高的持續力。		賴於 2 年以上的營運實績，固定化及持續性大幅提升。	逐漸固定化	

評價項目	評價點				
	4 點	3 點	2 點	1 點	0 點
4. 今後的成果提升期待程度	因此一活動之持續，可期待成為業界一流之成果。	根據營運以來的經驗及實績，可期待到達革新的程度。	大致可期待		
5. 對其他公司及協力企業的影響度	此活動可成為其他公司及協力企業之模範，有更具發展性的展開。	給其他公司及協力企業極大的影響	有影響		

3-2-2 基礎體力診斷評價表

評價項目	評價點				
	4 點	3 點	2 點	1 點	0 點
1 品質力（Q） · 1. 品質的對應力	沒發生客戶抱怨		關於客戶抱怨的原因明確，確實施行再發防止對策。	對於客戶抱怨，因對策不充分，有再發情形。	
2. 標準作業的確立狀況	確立充分考量過關於 Q、C、D 的作業標準並遵守		為做出品質之作業要點的傳票不充分	雖有作業標準書，但未加以活用。	
3. 品質標準之類的整備狀況	理論上決定的檢查工程及品質基準的 QC 工程表整備並遵守。		QC 工程表已整備，活用於管理上。	QC 工程表是為對應客戶而做，內容及對象範圍不充分。	

評價項目		評價點				
		4 點	3 點	2 點	1 點	0 點
	4. 最適檢查方式之體制	將客戶抱怨及工程中不良充分分析,設定檢查工程及檢查項目,不良品不流出給客戶。		雖將客戶抱怨及工程中不良充分分析,設定檢查工程及檢查項目,但發生不良品流出。	有應付式的檢查體制	
	5. 品質管理架構及品質保證系統	品質管理、保證部門明確,管理系統嚴謹,並被遵守。		雖有體制,但緊急時也會有不遵守的情形。	系統本身不明確	
2 成本力(C)	1. 價格的對應力	無論何時何種價位的對應都很明確,按實際來對應。		接受來自營業的時價依賴,盡可能去對應。	無法充分對應價格,市場占有率降低。	
	2. 根據製品設計及生產技術之展開力	完全對應價格,依設計及生產技術面設定 CD 目標,也達成目標。		雖無特別去設定目標,但設定了中期課題,使技術力提升。	被課題追趕	
	3. 有效的生產指標設定	系統化地整理與生產相關的指標,為達成目標實施管理。		雖無系統化地整理,但有為達成目標實施管理。	有集計各指標,但未充分管理。	
	4. 生產力持續的實績管理	按標準時間,持續的管理生產力(每日、每月)。		按每一人生產量等的指標來管理生產力(每日、每月)。	雖然集計了生產力的資料,但管理的不夠充分。沒有持續性的管理。	

評價項目	評價點				
	4 點	3 點	2 點	1 點	0 點
5. 成本管理架構	以製品別（製品群別）把損益及成本管控並管理（每日、每月）。	以製品別（製品群別）把損益及成本管控，但是是每月管理。	以工廠及事業部別管控損益及成本並管理。		
3 交期力（D） 1. 交貨期對應力	具有對客戶交貨期特別緊急也可充分應對的架構。	對一般訂購貨物的交貨期不會發生遲延。	生產前置時間長，貨物的交貨期會發生遲延。		
2. 工程的同步化、整流化	按確定的訂單資訊，全工程同步生產。	只有後工程按確定的訂單情報同步生產。	按內示資訊批量生產		
3. 最適庫存及在製品管理	設定理論庫存量，定期的修正。	雖設定理論庫存量，往後的修正不充分。	在庫量依經驗調整		
4. 生產計畫的週期及精確度	依訂單資訊週期訂立計畫，週間計畫不會變更。	就算是週間計畫，基於自己公司責任的理由，常常會變更。	每日的計畫也會變更		
5. 工程管理的架構	依照每日時間帶別的作業指示，並做進度管理。	依照每日時間帶別的作業指示，並未做進度管理。	以週間為單位做作業指示，進度管理也交代給作業者。		

評價項目		評價點				
		4 點	3 點	2 點	1 點	0 點
4 生產力（P）	1. 生產線編成、作業分擔	確認品項別的均衡，不因機械的干涉而造成停頓。	有注意均衡，但工程中仍有些許庫存。	各作業者的工作量不均衡，常有停頓。		
	2. 作業的有效性	搬運、取放、不良修改、找尋、檢查作業幾乎沒有。	搬運、取放、不良修改、找尋、檢查作業有一些。	搬運、取放、不良修改、找尋、檢查作業很多。		
	3. 作業程序	統一標準作業方法。定期實施設備保全。確立支援體制。	少許的中斷，發生工作步調減緩及短暫的停止，支援體制不是很好。	作業者離開單位、作業方法不統一、設備故障短暫停止顯而易見。		
	4. 生產線運轉狀況	換模作業中不停頓，部品材料以必要數量供給。	因部品欠缺造成生產線停止。有若干換模作業停頓。設備故障的回復順暢。	頻頻發生生產線停頓。常發生換模作業停頓。設備故障停止時間長。		
	5. 現場管理狀況	依標準時間管理，有作業者教育計畫。	有意識到生產力，但行動水準低，只有教育計畫，但很多為實施。	監督者的作業時間多。作業者只接受第一回教育。常缺席。		

評價項目		評價點				
		4 點	**3 點**	**2 點**	**1 點**	**0 點**
5 管理基礎	1. 5S	5S 活動活潑地進行，作業者的教養也很普及。		雖進行 5S 活動，但是是形式上的。		只是名為 5S，實際上很少從事活動。
	2. 安全、作業環境第 6 個 S	持續進行關於安全及作業環境提升的目標展開及方案實施。		實施定期巡視，並實行對策。		很少致力於活動。
	3. 改善提案、小集團活動	以工廠之 Q、C、D 目標及連結的活動獲得實質的成果。		與公司內表彰制度連結，活潑地進行活動。		雖進行活動，但有被命令的感覺，不去自動進行。
	4. 人才育成、教育訓練	以中長期的眼光，設定個人別的教育課程。		有依階層別及職種別的教育系統。		雖進行教育，但沒有系統性。
	5. 方針及目標	針對公司、事業部、工廠、各課明確地展開方針及目標。		雖設定各個方針及目標，但關聯並不明確。		雖有方針，但具體的目標不明確。
6 技術基礎	1. 固有技術力	公司應該發展的技術明確，因此而能加以對應。		公司目前的技術水準，依技術圖是明確的。		並未將技術盤點出來，只依賴個人的技術。
	2. 設備保全	加入計畫性的保全活動，提升保全技術的架構完備。		有執行計畫性的預防保全（公司自己做）。		雖執行計畫性的預防保全，但只是形式上的（或是委外）。

評價項目	評價點				
	4 點	3 點	2 點	1 點	0 點
3. 自動化、省力化	在公司內構築可對應多種製品的自動化機器。		為構築自動化技術，努力在公司內自行設計、組立	自動化設備幾乎都委外	
4. 生產情報的系統化	成為能夠活用所有實際時間的生產情報系統（公司自行開發）		生產情報系統是公司自行開發，但只有一部分最適化。	系統開發幾乎都委外	
5. 新製品的開發及著手	開發、量產的業務流程明確，可依照計畫著手。		業務流程明確，但是因遇到問題點，就有計畫遲延的情況。	計畫遲延的情況多，造成生產部門的困惑。	

3-3 詳細診斷

3-3-1 診斷概要

①目的

正確的測量出現狀的 Q、C、D 之實態
調查還有多少向上的空間和明確改善的方向。

②內容

(1) 品質向上的空間
將客戶的抗議事項、苦情事項或材料不良退件的發生狀況，依人、設備、材料、方法、計測等原因因素區分之，然後診斷出可以改善的空間。

(2) 成本降低的空間
明確企業的成本構造，診斷出各重點費用的改善空間，包括材料費、薪資費用、水電費、消耗工具費、修繕費、事務用品費、通訊費、運費⋯⋯等，特別是要將經費降低的空間明確地掌握住。

(3) 交期短縮的空間
將交貨遲延的發生實態明確地區分出計畫、製造、營業的責任，而診斷出其改善的空間，並將現狀的製造週期的構成要因分析出來，診斷可以短縮的空間。

③診斷日程(可彈性)

診斷工作由專家
(外或內部)進行

-1 實地診斷:2~10 個工作天
-2 報告整理:2 個工作天

④最終報告

Q、C、D 向上提升的空間:1 個工作天

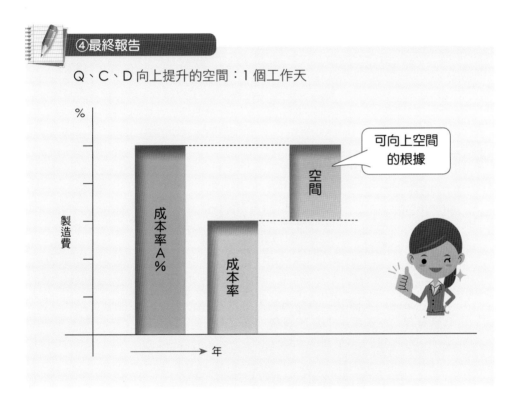

3-3-2　診斷日程

詳細診斷日程表

日程	第1天	第2天	第3天	第4天	第5天	第6天	第7天	第8天	第9天	第10天	2日
診斷者 1										●	2日
診斷者 2	●	●	●		●	●	●	●	●	●	
診斷者 3	●	●	●	●	●	●	●	●	●		

實施項目（成本分析）

- 事前資料確認（★開始：第2天） ／ ★概要報告（第10天） ／ 整理 ／ 最終報告
- 勞動生產力：W/S ／ T/S ／ 日報分析
- 項目定義 ／ 名稱修正 ／ 觀測 ／ 集計 ／ VTR攝影 ／ 分析 ／ 整理
- 設備稼動率：名稱修正 ／ 資料修正 ／ 整理
- 材料生產力：實測 ／ 數據整理分析 ／ 總合整理
- 成本分析 其他經費分析：全體費用分析重要科目決定 ／ 委託詳細分析 ／ 詳細分析 ／ 整理
- 改善方向檢討及空間估計
- 品質力分析：訪談 ／ 苦情內容及不良品退回分析
- 交期力分析：訪談 ／ 交期力詳細分析
- 營業力分析：訪談

3-3-3 診斷結果報告

依據企業之不同，報告內容有所不同，大致上會有下列的內容：

①診斷結果總括

　　CR 空間 (Cost Reduction) 報告
　　品質可進步空間報告
　　交期可進步空間報告

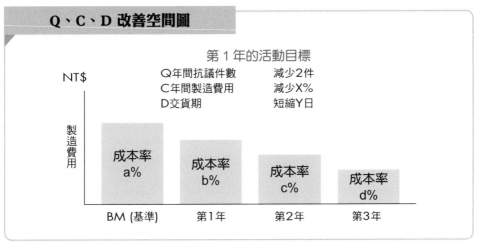

Q、C、D 改善空間圖

第 1 年的活動目標

NT$

Q年間抗議件數	減少2件
C年間製造費用	減少X%
D交貨期	短縮Y日

製造費用

成本率 a%	成本率 b%	成本率 c%	成本率 d%
BM (基準)	第1年	第2年	第3年

② Cost 構造

　　原價率推移
　　總費用 P-Q 分析
　　單位別 P-Q 分析

③原、材料費的 Cost 構造

　　原、材料費的損失實態和可進步空間
　　原、材料費的目標展開構造

④直接勞務費

　　直接勞務費的 Cost 構造
　　直接勞務費的損失實態和可進步空間
　　直接勞務費的目標展開構造

⑤交期力分析

　　交期力可進步空間報告
　　庫存可減少空間報告

⑥品質力分析

　　客戶抱怨的原因分析
　　QC 工程表的整備及執行水準

⑦建議的推進體制

　　TP 管理推進組織 (含輔導計畫)
　　TP 推動 3 年主計畫表

以成本 (C) 作為診斷報告的例子

材料費診斷的5個步驟

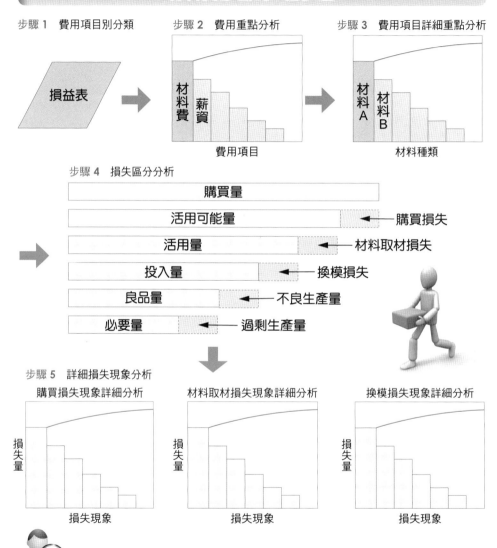

步驟 1　費用項目別分類

損益表

步驟 2　費用重點分析

材料費　薪資

費用項目

步驟 3　費用項目詳細重點分析

材料A　材料B

材料種類

步驟 4　損失區分分析

購買量

活用可能量 ←── 購買損失

活用量 ←── 材料取材損失

投入量 ←── 換模損失

良品量 ←── 不良生產量

必要量 ←── 過剩生產量

步驟 5　詳細損失現象分析

購買損失現象詳細分析

損失量 / 損失現象

材料取材損失現象詳細分析

損失量 / 損失現象

換模損失現象詳細分析

損失量 / 損失現象

詳細分析後，可以得到什麼效益呢？

- 損失材料的種類、區分名稱、現象、數量……都很清楚。
- 因此改善的課題和空間也大概可以知道。
- 全體幹部對成本結構、損失結構達成共識。
- 革新的重點達成共識。

TP 管理的活動是由人去執行與推進的，因此要使 TP 管理成功的導入，各級人員相關技能之養成非常重要，依照各企業管理水準評價的結果，可以得知各企業應該做哪些教育，下表是筆者研擬至少該做的教育課程。

	項次	課程名稱	時數	最高經營者	管理層	專員層	作業層
TP管理基本教育	1	TP 管理的概要	8	V	V	V	V
	2	目標展開的要領	8	V	V	V	
	3	施策展開的要領	8	V	V	V	
	4	進度管理的要領	3		V	V	
	5	實績計算的要領	3		V	V	
相關知識教育	6	製造力概論	3		V	V	
	7	現狀分析技術	3		V	V	
	8	改善案檢討	3		V	V	
	9	小日程計畫管理	3		V	V	
	10	品質改善概要	3		V	V	V
	11	要因分析法	3		V	V	V
	12	設備改善	3		V	V	
	13	改善推進	6	V	V	V	V
	14	製造管理概要	3		V	V	
	15	改善著眼	3		V	V	V

進階教育是個人將生產革新與 TP 管理融在一起之後，所提出支援施策展開非常有效的利器。

	項次	課程名稱	時數	最高經營層	管理層	專員層	作業層
進階教育	1	意識改造	3	V	V	V	V
	2	士氣訓練	32		V	V	V
	3	革新概念	3	V	V	V	
	4	排除浪費	8	V	V	V	
	5	三現主義	3	V	V	V	
	6	防錯法	3		V	V	V
	7	定點取放	3		V	V	V
	8	削減庫存	8	V	V	V	
	9	事物革新	32	V	V	V	

3-5 作成主計畫表

依照各企業的現有水準和目標值的高低，可得知必要施策項目的多寡，根據這些資訊擬定 TP 管理的主計畫表，主計畫表是一個企業對 TP 管理導入及實施所需要完成之主要工作項目及時間表，主計畫是一個較為粗略的計畫，但也比較容易表達整個計畫的主要工作及時程，以及目前的整體進度概況。主計畫的制定應由最高經營者、事務局和各部門推進者等共商擬定，使其更具可行性，下表是筆者擬定的 3 年期主計畫表提供參考，但各企業仍應以本身之實際狀況來擬定必要的主項目和時程。

3 年期主計畫表

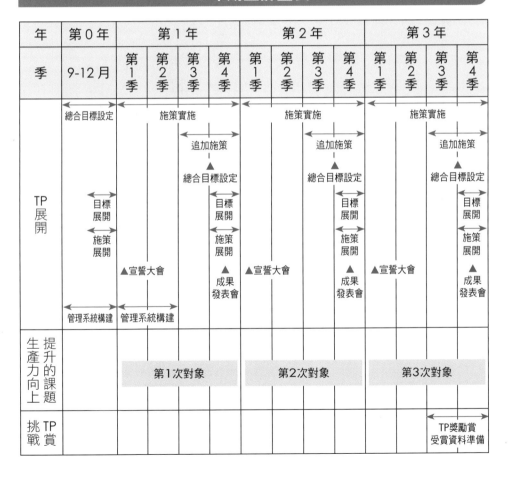

3-6 總合目標設定

TP 管理是一種實現最高經營者想法的管理手法，並且以最高經營者所描述的經營願景為基礎，所以最高經營者對總合目標的設定恰到好處是最重要的，因此要考慮到：①企業外部的變化，包括市場需求動向、全球環境、海外關聯；②企業內部的條件，包括 Q、C、D 的實力、經營資源……等檢討之後，設定中長期的經營目標。

考慮因素

(1) 企業外部變化：全球環境、市場動向、業界實力

全球環境

市場動向

DSC Markrt in Taiwan

代工廠	直行率 (%)	退貨率 (%)	製造成本 (USD)	加權納期 (天)
Al	97	0.2	1.1	72
Fo	98	0.07	1.2	55
ABI	95	0.02	1.15	70
Fl	96	0.01	1.4	68
BR	98	0.002	1.32	57
世界一流	99	0.01	1.0	53
AO現狀	96	0.05	1.2	68

業界實力

(2) 企業內部的條件：Q、C、D 的實力與經營資源

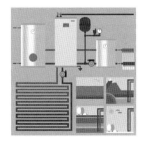

設定中長期目標

　　設定中長期的經營目標，例如：①3年後成為業界世界水準的Q、C、D或②3年後成為能對應日本客戶要求的Q、C、D水準或③5年後成為業界的NO.1，甚至於題目更小都可以。這些就是戰略的總合目標，光是這樣是很抽象的，必須進一步的將它轉換成數值，也就是Q、C、D要達到什麼水準，而將它數值化，例如：第一年Q直行率目標97.5%、C製造成本每台1塊美金、D加權納期60日，這就是總合目標的設定。

例

　　①3年後成為華人圈業界水準的Q、C、D

或②3年後成為能對應日本客戶要求的Q、C、D水準

或③5年後成為業界的NO.1

要數據化

	直行率 (%)	退貨率 (%)	製造成本 (USD)	加權納期 (天)
現狀	97	0.2	1.1	72
N+1 年	97.5	0.15	1.0	60
N+2	98	0.10	0.95	50
N+3	98.5	0.08	0.9	40
N+5	99	0.05	0.8	35

3-7 目標展開

3-7-1 TOP DOWN：目標是由上到下

　　將 Q、C、D 的各個總合目標細分為更具體的中間目標和個別目標，細分之後如下圖所示，最高經營者和各部門的責任者對於選定為改善對象的部分占全體多大比率以及選定為改善重點的對象其理由為何……等問題，都可藉此達到共通性的了解。

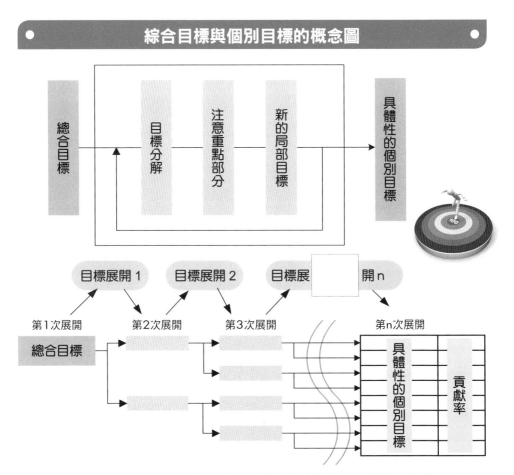

綜合目標與個別目標的概念圖

總合目標 → 目標分解 → 注意重點部分 → 新的局部目標 → 具體性的個別目標

目標展開 1　　目標展開 2　　目標展開 n

第1次展開　　第2次展開　　第3次展開　　第n次展開

總合目標 → 具體性的個別目標　貢獻率

　　從目標展開圖可以很清楚的知道，被選定為改善項目的課題占全體多大比率以及理由為何……等問題，都可藉此達成共識。

3-7-2 目標展開構造的決定

　　為了要達成總合目標的業績目標，將其目標構成的要素，逐次的展開之，第1層展開的要素就是第2層的目標，第2層展開的要素就是第3層的目標……以此類推，展開到最適當的層次，目標展開的構造依企業、部門、製品特性、製造特性、環境之不同而有所差異，並非一定的型式，各企業各部門以能夠顯示出損失的重點為目的，各自決定構造的型式和層次，以下列舉四個提示，是決定目標展開時要注意的重點，其一是容易把握現狀，其二是容易目標展開，其三是容易對策實施，其四是容易把握成果。

以成本目標展開構造圖

製品群區分 × 部門區分 × 費用區分

1次展開	○○事業部◎工廠
2次展開	第1製造部
3次展開	加工課
4次展開	A製品群
5次展開	材料費 / 購入部品費 / 外包費用 / 勞務費
6次展開	單價 / 使用量 / 單價 / 使用量 / 單價 / 使用量 / 生產線1 / 生產線2
7次展開	A材料 / B材料 / 時薪 / 工時 / 時薪 / 工時
8次展開	設計損失 / 製造損失

3-7-3 目標值的設定

①目標值設定的概念

　　設定目標值是指針對目標展開的構造，具體地設定每一層目標值的一種作業，目標值的設定方法就是將第 1 層的目標值設定為第 2 層目標值的總合，第 3 層目標值的總合設定為第 2 層的目標值……以此類推，如下圖所示是業績目標之目標值設定的概念。目標值分配的時候，基本上是依照總合目標一律下降 X% 為基準，然後再依照下列的觀點做調整：

(1) 構成比率：檢討各部分金額的構成比率，再將較多的目標分配在比率大的部分上。

(2) 容易性：將較多的目標分配在較容易的部分上。

(3) 對比：與其他事業部、職場、職業種類、成品種類等同種類的對象作比較後，將較多的目標分配在較差的部分上。

(4) 全體貢獻：將較多的目標分配在改善方法，可以與其他的項目共通使用，並能同時給其他領域正面效果的部分上。

(5) 理論：將較多的目標分配在不管是誰都會贊同的部分。

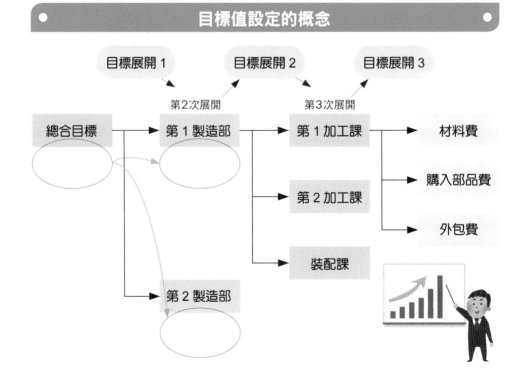

目標值設定的概念

② TP 目標成本要比預算的成本低，以吸收萬一匯率市場、環境等變化

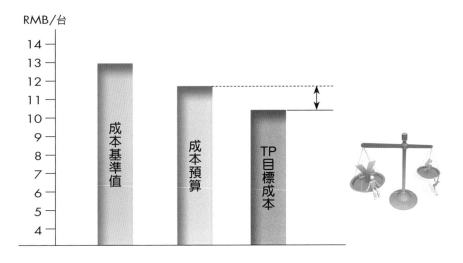

③個別目標施策項目試算效果金額的加總，要能大於中間目標的金額

中間施策項目試算效果金額的加總要能滿足全體的目標金額。

④業績目標與預算是有關聯的，所以每月做實行預算時，都要再一次確認目標值是否吻合，必要時則要實行目標值的修正

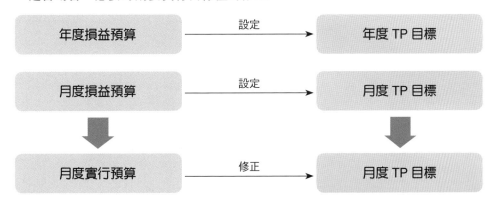

3-7-4 貢獻率的計算

貢獻率＝成果／各層級目標（區．課．總合）

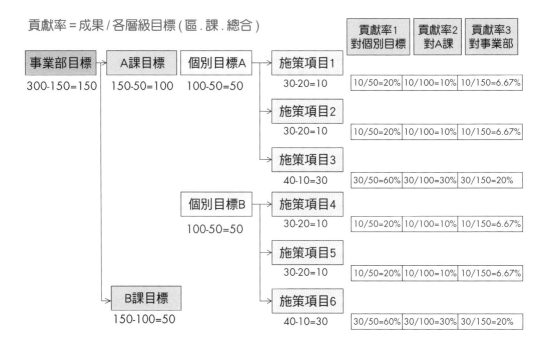

				貢獻率1 對個別目標	貢獻率2 對A課	貢獻率3 對事業部
事業部目標	A課目標	個別目標A	施策項目1			
300-150=150	150-50=100	100-50=50	30-20=10	10/50=20%	10/100=10%	10/150=6.67%
			施策項目2			
			30-20=10	10/50=20%	10/100=10%	10/150=6.67%
			施策項目3			
			40-10=30	30/50=60%	30/100=30%	30/150=20%
		個別目標B	施策項目4			
		100-50=50	30-20=10	10/50=20%	10/100=10%	10/150=6.67%
			施策項目5			
			30-20=10	10/50=20%	10/100=10%	10/150=6.67%
	B課目標		施策項目6			
	150-100=50		40-10=30	30/50=60%	30/100=30%	30/150=20%

　　貢獻率是指各個施策項目的成果，對於個別目標、課目標、事業部的總合目標分別做了多少貢獻之比率謂之。只要依據貢獻率和 80/20 法則，重點目標就會變得很清楚，另外由於每個責任者所擔當的目標值對全體的貢獻率有多少也很明確，所以各責任者會產生工作的動機和使命感。

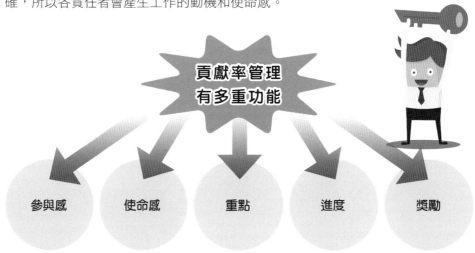

貢獻率管理有多重功能

參與感　使命感　重點　進度　獎勵

3-8　施策展開

　　選擇施策項目時應該要檢討所有適用於管理技術的施策項目，例如：研究開發、設計、受注、調達、生產計畫、設備設計、保全、工程設計、製造條件、作業方法、外注管理、運搬、資訊處理……等等過程後，再從中選出最適合達成目標的施策項目是最重要的。筆者多年的製造經驗，介紹 2 種非常有效的模式，提供給讀者自由活用。

3-8-1 基本模式	3-8-2 應用模式
TP施策展開法	**勵行各項革新活動**
個別目標	個別目標
1 可能性檢討	1 士氣訓練
2 鎖定課題	2 座學
3 現狀分析	3 現場發掘問題
4 施策提取	4 施策檢討
5 施策項目選定	5 施策項目一覽表
	6 實施施策
	7 發表會

3-8-1　基本模式

🔍 TP施策展開法步驟-1

目的：探索達成個別目標的可能性方向，做對方向做對事情

　　第 1 個步驟是可能性檢討，為了探索達成個別目標的可能性，從施策視點一覽表和他社經驗出發，盡量理出改善可能的方向，作成可能性方向一覽表，然後透過自由發表對可能性做評價，最後決定改善的方向。

個別目標

可能性檢討

鎖定課題

現狀分析

施策提取

施策項目選定

施策視點
他社經驗

檢討出改善
可能方向

評價

決定
改善方向

可能性評價表

	改善方向	可能性評價					選定	理由
		效果	費用	期間	自力	技術		
1	設計變更	A	C	C	C	C		
2	材料費削減	A	A	B	A	B	◎	效果．自力
3	組成變更	A	B	C	B	B	○	
4	單價交涉	A	A	C	C	B	○	
5	○○○○○○○	A		C				
6	○○○○○○○	B		C				

施策視點實例 (AJ 公司實例)

大分類	中分類	小分類
研究開發		基本規格修正
		新玻璃種類開發
		製造方式修正
訂單		訂單規格之修正
		訂單規格之詳細化
		價格之修正
		交貨期之修正
供應	原料	組成變更
		代替原料採用
		原料共通化
		原料規格變更
	工器具 / 消耗品	資材標準化 / 共通化
		資材性能變更
		資材規格變更
		資材材質變更
		再利用推進
		使用量之修正
	供應計畫	訂購方式變更
		購買廠商變更
		訂購批量變更
		競爭採購
		採購比率變更
		納入方式變更（頻度、量）
		納入路徑變更
		納入方法變更
		納入包裝變更

大分類	中分類	小分類
作業管理		作業標準的教育／徹底
		進度管理
		實績管理
		實績資料分析及活用
		利用管理板等提高意識
生產計畫		能力計畫（冷修、新設）
		作業計畫（玻璃種類構成）
		生產計畫（生產順序）
		生產批量（指示數量）
		計畫基準值適正化
		在庫基準值適正化
		需要人員計畫
		需要人員構成修正
		訂單規則／時效之明確化
		計畫規則之明確化
設備保全		5S
		修繕基準之修正
		定期保全
		為修繕判斷的定量診斷
資訊處理／活用		情報處理目的的修正
		情報來源的擴大、變更
		收集情報的修正
		收集時點的變更
		分類基準整備
		情報標準化
		保管基準設定
		情報電子化

大分類	中分類	小分類
設備設計		處理方法變更（PC 化）
		處理目的的修正
		傳達手段變更
		傳達路徑變更
		機能修正
		設備構造標準化
		部品標準化、共通化
		靈活性
		自動化
		設備構造的變更
		設備能力變更
		one touch 化
製造條件		設定溫度的修正
		產出量的修正
		停頓時間的修正
		製造條件的修正
		作業條件的修正
		檢查基準的修正
		各種條件的明確化和標準化
工程設計 作業方法		改換工程的組合
		作業廢止
		作業簡化
		治工具改善
		機械化
		作業時點的修正
		配置變更
		前換模 / 後換模

大分類	中分類	小分類
搬運		路徑修正
		方法修正
		頻度修正
		量的修正
		時間點的修正
外包管理		內製
		外製
		單價修正
		契約基準修正
		指導教育
		納入品質確認
		納入交期短縮
日常管理		使用浪費撲滅
		管理制度 / 構造修正
		管理制度 / 構造的徹底活用
工程設計作業方法		作業平準化
		同時 / 並行處理化
		作業編排修正
		作業分擔修正
		作業步驟明確化和標準化
		檢查定量化 / 自動化
		製造批量修正

目的：進行損失分析，鎖定應改善的課題

第2個步驟就是要鎖定課題：它的目的是進行損失分析，鎖定應改善的課題。假設我們步驟1是決定以削減損失 (材料、工時……) 為方向時，這個階段就是進行第1層、2層、3層……甚至更深層的損失分析，把損失的現象、數量、大小加以明確，數據會說話，改善的課題就很清楚可以決定下來了。

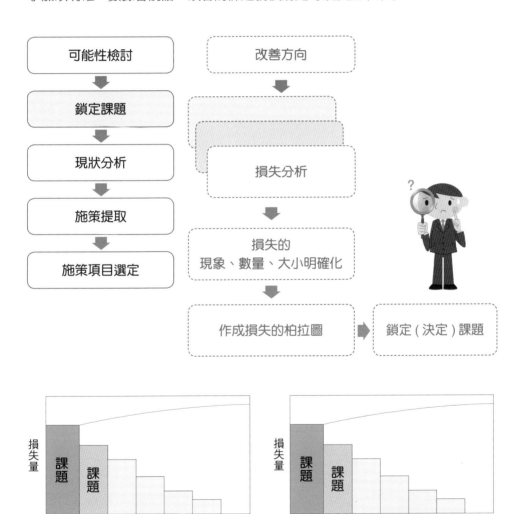

TP施策展開法步驟-3

目的：把造成損失的真因理出來

　　第3個步驟是現狀分析：目的是把造成損失的真因理出來，因為解決問題的第1步就是要知道問題在哪裡。現狀分析的流程為首先決定分析方法，例如：稼動分析法、P-Q分析、人機配合分析、產線作業分析……等等分析手法，進行分析，了解問體發生的真因之後，整理出所有問題點。

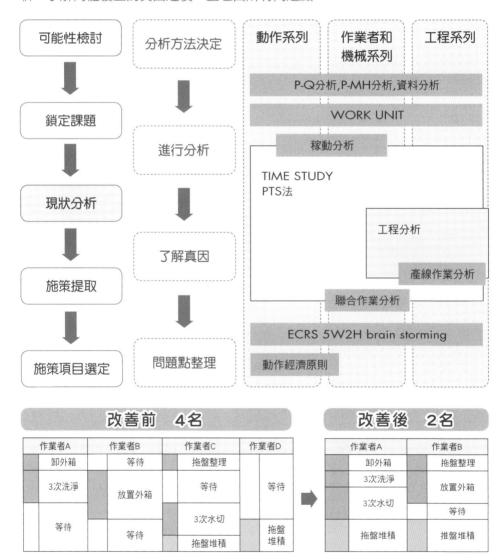

目的：獲取大量的改創意

　　第 4 個步驟是施策提取：將發掘的問題點，採取腦力激盪、5W2H、ECRS、動作經濟原則、R-F 分析、作業順序分析、施策視點等 IE 改善技術來獲取大量的改善創意，必要時要借重外力，也就是活用公司外專業技術公司技術者的力量，來協助尋找對策的方法。

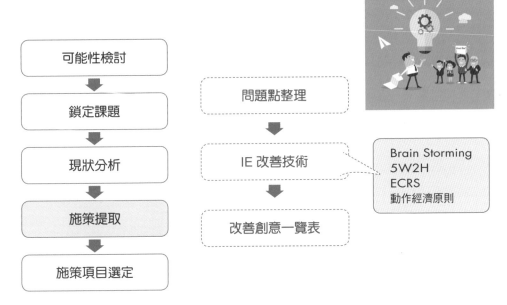

- 可能性檢討
- 鎖定課題
- 現狀分析
- 施策提取
- 施策項目選定

- 問題點整理
- IE 改善技術
- 改善創意一覽表

Brain Storming
5W2H
ECRS
動作經濟原則

Chapter **3**

專門為華人產業量身訂做的 TP 管理

TP施策展開法步驟-5

目的：評價改善創意選定施策項目

　　第 5 個步驟是施策項目的選定，把大量的改善創意用效果、費用、期間、實施的困難度等評價基準來進行評價，選定施策項目，並決定擔當該項目的變形小組。

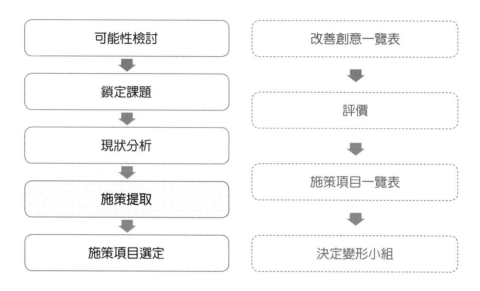

	改善創意一覽表	評價項目					選定	理由
		效果	費用	期間	自力	技術		
1	工程合併	A	C	C	C	C		
2	近接化	A	A	B	A	B	◎	
3	○○○○○	A	B	C	B	B	○	
4	○○○○○○	A	A	C	C	B	○	
5	○○○○○○○	A		C				

施策項目一覽表實例

編號	課別	項目	科目	編號	施 策 項 目	月份	提案者	確認者	活動資源														
										(万元)	貢獻率	1月	2月	3月	4月	5月	6月	7月	8月	9月	10月	11月	12月

決定變形小組

施策選定評價表實例

評價項目		解說	A	B	C
	效果	對策效果之程度	30% 以上損失削減	10~30% 損失削減	10% 以下損失削減
費用	投資費用	必要的投資金額	10 萬元以內	10~50 萬元	超過 50 萬元
	維持費	維持費（含薪資）	0 元	100 萬元 / 年	超過 100 萬元 / 年
	期間	立案到實施為止	1 個月以內	1~3 個月	超過 3 個月
困難度	部門間調整	部門間調整的困難度	自部門能對應	雖然要與他部門調整，但部門長可判斷	超過部門長的權限
	技術面	技術面的困難度	即可實施	多少可應用既存的技術	必要開發新技術

上述內容是以年營業額約新台幣 7 億元、資本額約 8 千萬元之企業規模所擬定。

3-8-2 應用模式

施策展開的另外一種模式稱為應用模式，就是勵行各項革新活動，以獲取大量優質的施策項目。

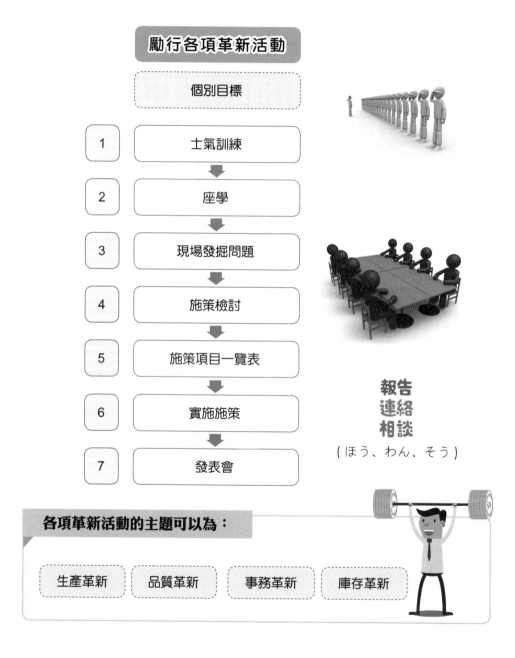

勵行各項革新活動

個別目標

1	士氣訓練
2	座學
3	現場發掘問題
4	施策檢討
5	施策項目一覽表
6	實施施策
7	發表會

報告
連絡
相談
(ほう、わん、そう)

各項革新活動的主題可以為：

生產革新　　品質革新　　事務革新　　庫存革新

生產革新活動內容

時段	時長	1回	2回	3回	4回	最終回
8:00~8:50	50	士氣訓練	士氣訓練	士氣訓練	士氣訓練	士氣訓練
9:00~9:30	30	開訓儀式	發表練習	發表練習	發表練習	發表練習
9:30~10:00	30	指導員、學員介紹、生產革新活動計畫說明	1回總結	2回總結	3回總結	4回總結
10:00~12:00	120	座學 意識改造／座學 革新概念／職場巡迴	座學 三現主義／座學 排除浪費／職場巡迴	座學 防錯法／座學 定點取放／職場巡迴	座學 削減庫存／座學 JIT概念／職場巡迴	總合發表／發表準備
13:00~15:00	120	職場巡迴	現場改善	現場改善	現場改善	現場改善
15:00~16:00	60	發表練習	發表練習	發表練習	發表練習	個人發表
16:00~16:30	30	1回小結	2回小結	3回小結	4回小結	頒獎
16:30~17:00	30	R&Q	R&Q	R&Q	R&Q	結業式

1 　　　　士氣訓練

2 　　　座學

3 　　現場發掘問題

4 　　施策檢討

| 5 | 施策項目一覽表 |

貢獻率更可以讓全體都知道這個施策項目的成果，對個別目標的預估占比和個人所做的貢獻度，因而激發出來使命感、責任感和榮譽感。

很清楚的了解到每個項目的預估金額和實際金額，用於掌握面積目標的進度

編號	項目別	費目	施策項目名稱	實施月	擔當者	合計年間CD金額	貢獻率	1月	2月	3月	4月	5月	6月	7月	8月	9月	10月	11月	12月
						預估													
						實際													
						預估													
						實際													
						預估													
						實際													
						預估													
						實際													
						預估													
						實際													

6	實施施策

7	發表會

3-9 進度管理

　　TP 管理除了重視成果的管理之外，更重視過程之管理，因此進度管理的架構要能同時掌握住成果和過程的進度，以及兩者之間的關聯，在製造業偶而會發生沒做什麼對策，但成果卻突然轉好的情形，像這種不是掌握之中的現象，也很可能過一段時間之後就消失了，TP 管理重視的是對策與成果的關聯，每一項成果的獲得，是因為做了哪一項對策而獲得的，要一一驗證，如此才能確保對策成果之真實性。進度管理的方法筆者介紹3個基本型和4個進階型提供給讀者選用。

基本模式

3-9-1 個別施策項目的進度管理

3-9-2 各部門的進度管理

3-9-3 全體的進度管理

進階型

3-9-4 面積目標管理進度

3-9-5 利用貢獻率管理進度

3-9-6 貢獻率表製作方法

3-9-7 毛利日結管理

3-9-1 個別施策項目的進度管理

有了對策的方法之後，要能付諸於行動才能奏效，因此每一個施策項目都要做進度管理，如下表是個別施策項目進度管理，從表上可以看出管理的重點，第1為各個對策工作順序的日程管理，第2為對應對策的日程，產出的成果管理，從第1和第2的對應關聯就可以一一驗證對策的真實性，第3為設定出成果的計算公式，讓任何人來計算都得到一樣的數字。個別施策項目的進度管理是由變形小組的 Leader 負責，每個月月初要整理出來交給部門長。

____年個別施策項目進度管理表

部級主管		中間主管		主擔當	

登錄NO.　　　所屬個別目標：　　　實績計算公式：

施策項目	預估投金	實際投金	前年實績	今年目標	CD值	主擔當	協力者	解決期間

預定改善內容or計畫過程 ／ 主擔當	月程	1月	2月	3月	4月	5月	6月	7月	8月	9月	10月	11月	12月	年間合計
施策成果基點 第1年 實績	使用計畫 (PCS, KG, %, 時間)													
	使用實績 (PCS, KG, %, 時間)													
	CD計畫NT$													
	CD實績NT$													
	累計CD計畫NT$													
	累計CD實績NT$													
進度確認														

□預定　Ｖ實施　＜遲延　Ｅ完成

各部門的進度管理

各部門的進度管理範圍比較廣泛，基本上它是包含部門裡面所有個別施策項目的過程管理和成果管理，方法是由各部門的推進委員，將所有個別施策項目的進度狀況，在每月月初彙集成各部門全體的進度狀況，如下表是筆者所擬定之部門的月間施策項目進度報告表，它包含的內容有二個重點，其一是成果的進度管理，有單月的目標 CD 金額、單月的實績 CD 金額，以及累計的目標 CD 金額和累計的實績 CD 金額，由此可以判定成果的進度是比預定快或慢。其二是過程的管理，由當月預定的工作內容及當月已實施的工作和表格右下方所顯示的口預定工作數量、V 實施的工作數量、E 完成的工作數量、＜遲延的工作數量之計算得知日程遵守率是大於 100% 或小於 100%，由此判定過程的進度是比預定快或慢。

月間施策項目進度報告表

部門的月間施策項目進度報告

部級主管	

目標項目	施策項目	管理NO.	當月預定工作內容	當月已實施工作內容	當月目標NT$ or 狀態指標	當月實績NT$ or狀態指標	累計目標NT$ or狀態指標	累計實績NT$ or狀態指標	累計進度

		合計				

預定口	實施V	完成E	遲延＜	日程遵守率%

3-9-3　全體的進度管理

　　全體的進度管理是由 TP 管理事務局來擔當，於每月月初接獲財務部門的經營實績和各項費用實績，以及接獲製造部門的月間施策進度報告表，加上年初設定的目標值等 3 項資料整理成全體的進度管理表，內容包含有：①全體 CD 金額統計表，表達全體和各部門當月和累計的 CD 計畫金額和實績金額，以及各部門的貢獻率；②全體目標達成狀況表，表達出各支柱 TP 管理項目的達成率和全體的達成率③全體和各部門的 OX 達成狀況表，表達出各項 TP 管理項目的全體達成率以及影響全體達成率的部門和個別目標項目。

全體 CD 金額統計表

部門	第2年CD計畫金額	第2年計畫CD貢獻率	當月CD計畫金額	當月CD實績金額	累計CD計畫金額	累計CD實績金額	實際CD貢獻率	達成率
TOTAL								

全體目標達成狀況表

項目 月別		1月	2月	3月	4月	5月	6月	7月	8月	9月	10月	11月	12月	年平均
全體	○													
	×													
	達成率													

全體和各部門的○×達成狀況表

部門	目標項目	當月目標值	當月實績值	○× 提出擔當 月程	1月	2月	3月	4月	5月	6月	7月	8月	9月	10月	11月	12月	年達成率
				○													
				×													
				達成率													

3-9-4 面積目標管理進度

在第 1 章 10 大秘訣之 4，提到很多職場常用的是高度目標，所以流於年終前達成高度目標而自喜，疏不知對於利益的貢獻其實是減分的，所以 TP 管理著重於追求面積目標。

TP首創

面積目標＝高度目標 × 數量
（數量可以用營業額、生產數量、銷貨數量等來表示）

下圖是用於降低每台加工費 (製造經費 / 生產台數) 當做目標時，非常管用的 TP 面積目標公式。

 面積目標計算公式

年度 C-TP 平均高度目標
　　＝∑ (月 C-TP 目標 × 月目標產量)/∑ 月目標產量
年度 C-TP 面積目標
　　＝∑ (去年 C-TP 實績 (基準) – 月 C-TP 目標)× 月目標產量
年度 C-TP 目標面積↓ %
　　＝年度 C-TP 面積目標 /∑ (去年 C-TP 實績 (基準)× 月目標產量)

 計算的重點說明

① 降低每台加工費從 30.66RMB → 23.88RMB/ 台
② 設定每個月的高度目標：例如 1 月 26.36、2 月 23.45、3 月 19.24……
　　以此類推
③ 設定每個月的面積目標：例如 1 月 = (30.66 － 26.36)× 產量 80,520
　　台 = 346,151RMB (四捨五入)
④ 年面積目標合計＝彙總每個月的面積目標＝ 8,677,750RMB

進階型

XX 製品部 C-TP 目標設定

從30.66/台→23.88/台　單位：RMB

圖表圖例：
— C-TP 效益目標(面積)
— C-TP 目標高度
— BM(基準值)
— 平均目標

左軸：40.00 / 35.00 / 30.00 / 25.00 / 20.00 / 15.00 / 10.00 / 5.00 / 0.00
右軸：-1,000,000 / -500,000 / 0 / 500,000 / 1,000,000 / 1,500,000 / 2,000,000 / 2,500,000 / 3,000,000

BM 30.66　目標 23.88

折線標示：26.36、23.45、19.24、30.03、27.76、29.84、18.07、21.63、19.53、24.36、34.73

XXXX 年經費目標與實績

產品別	基準值	平均 高度	1月	2月	3月	4月	5月	6月	7月	8月	9月	10月	11月	12月	合計
目標	30.66/台	23.88/台	26.36	23.45	19.24	30.03	27.76	27.03	29.84	18.07	21.63	19.53	24.36	34.73	23.88
實績															
預算產量(台)			80,520	86,187	130,756	85,342	91,158	95,350	78,033	182,004	131,623	147,280	103,165	68,937	1,280,355
實績產量(台)															
下降(台(高度)目標			4.30	7.21	11.42	0.63	2.90	3.63	0.82	12.59	9.03	11.13	6.30	-4.07	6.78
下降(台(高度)實績															
C/D 金額(面積)目標		22.11%	346,151	621,409	1,492,647	53,378	264,059	346,202	63,747	2,292,281	1,187,977	1,639,855	650,374	-280,329	8,677,750
C/D 金額(面積)實績															0

單位：RMB

施策項目一覽表

進階型

NO.	機種	輔材材料專案施策項目（附進機種、誤別、單價等訊認）	實施日目	牆畫	CD金額	預測貢獻率	1月	2月	3月	4月	5月	6月	7月	8月	9月	10月	11月	12月	合計	貢獻率
CTPSC13002	全機種	UV使用量標準化：定量化管理：cost down10%	1月	周建榮	22,500	8.20%	3,012	2,510	2,510	3,012	26,857	3,012	2,510	2,510					45,933	0.53%
CTPSC13003	全機種	潤滑油使用量標準化：定量化管理：cost down10%	1月	各條長	13,500	6.50%	2,207	2,055	1,365	3,458	1,078	1,598	2,283	2,207	2,055	1,364	1,364	434	21,469	0.25%
CTPSC13009	D5371	試作階段採油膠成本納入項目管理：成本降低	2月	各條長	18,000	4.21%	1,500	1,500	1,500	1,500	1,500	1,500	1,500	1,500	1,500		1,500	1,500	16,500	0.19%
CTPSC13025	全機種	螺絲固定膠使用量 cost down10%	1月	王森	22,500	3.24%	252			1,406	914	562	703	914					4,751	0.05%
CTPSC13026	全機種	105 試作在 A 能進行：全調清潔解劑使用削省	2月	王森	45,000	3.37%		2,000	2,000	2,000	2,000	2,000	2,000	5,760	6,195	5,700	5,400	3,600	38,655	0.45%
CTPSC13027	DC101、DC105	8008 膠使用量標準化：定量化管理：cost down10%	1月	賴碩金	24,000	3.74%	2,240	2,240	2,240	2,240	2,240	2,240	2,240	4,379	3,318	2,744	700		26,821	0.31%
CTPSC13028	全機種	1542UV 膠代用品見價 試作、代用、費用減少	3月	周建榮	18,000	12.6%		1,235							1,240	496	248		3,219	0.04%
CTPSC13033	DC106	A850 橫種電池進行橡本體膠塗工程變更：一般容音電池件	1月	汪毅	18,000	10.26%	2,500	2,500						1,614	1,076	538	269		8,497	0.10%
CTPSC13046	DC101、DC105	靜電風屏賈 cost down	5月	汪毅	24,000	17.25%					17,985	9,810							27,795	0.32%
CTPSC13047	全機種	轉換鏡頭 平凸鏡 單價 cost down	5月	汪毅	9,000	2.90%					3,630	3,300							6,930	0.08%
CTPSC13050	DC107	電烙鐵賈 cost down	6月	何開應	12,000	2.78%					2,445								2,445	0.03%
CTPSC13051	DC105	客戶支給之膠箱 LSB-111XE H155 橫種無用	6月	周建榮	6,728	2.78%							150,000						150,000	1.73%
CTPSC13057	生管	客戶支給之電氣起子柄 電源塔配修使用	2月	陳慧	18,085	2.27%		55,263						6,400					61,663	0.71%
CTPSC13064	生管	936 烙鐵之 T-B 烙鐵頭代替 941 之 T1-IBC 烙鐵頭使用	6月	李K	18,750	3.32%									41,007	2,952	2,214	984	47,157	0.54%
CTPSC13070	生管	SMT 購林移回廣通，減少派產次改良使用+工費用	6月	李進	2,520	1.93%						305					3,000	1,000	4,305	0.05%
CTPSC13075	DC521	L130 機產種目原承的H32打切換膠箱改良使用+節省：2條梯*6台*10,000元/台=180,000元	5月	陳香	120,000	10.10%					20,525		3,000			5,000		1,500	30,025	0.35%
		合計			9,871,407	113.76%	986,681	986,608	973,872	1,025,746	977,709	1,026,428	977,533	972,193	977,180	1,036,328	972,522	977,415	11,889,576	137.01%

總計施策件數301件，年間CD效果11,889,576RMB

進階型

XX 製品部 C-TP 實績

從30.66/台→21.00/台　單位：RMB

2013年***T製品部C-TP與效益

圖例：
- C-TP 效益目標(面積)
- C-TP 效益實績(面積)
- CTP目標高度
- CTP實績高度
- BM(基準值)
- 平均目標

產品別	基準值	平均高度	1月	2月	3月	4月	5月	6月	7月	8月	9月	10月	11月	12月	合計
								XXX 年經費目標與實績							
目標	30.66	23.88	26.36	23.45	19.24	30.03	27.76	27.03	29.84	18.07	21.63	19.53	24.36	34.73	23.88
實績		21.00	21.35	22.82	17.35	26.82	22.35	15.85	25.35	20.15	19.32	15.95	21.32	32.15	21.00
預算產量			80,520	86,187	130,756	85,342	91,158	95,350	78,033	182,004	131,623	147,280	103,165	68,937	1,280,355
實績產量			80,520	86,500	135,000	85,342	92,000	95,600	73,525	150,000	120,000	142,685	105,000	65,000	1,232,272
下降/台(高度)目標			4.30	7.21	11.42	0.63	2.90	3.63	0.82	12.59	9.03	11.13	6.30	-4.07	6.78
下降/台(高度)實績			9.31	7.84	13.31	2.04	8.31	14.81	5.31	10.51	11.34	14.71	9.34	-1.49	9.66
C/D 金額(面積)目標	22.11%		346,151	621,409	1,492,647	53,378	264,059	346,202	63,747	2,292,281	1,187,977	1,639,855	650,374	-280,329	8,677,750
C/D 金額(面積)實績	31.50%		749,641	678,160	1,796,850	174098	764,520	1,415,836	390,418	1,576,500	1,360,800	2,098,896	980,700	-96,843	11,889,576

C-TP 實績計算公式

年度 C-TP 平均高度實績

　　＝∑ (月 C-TP 實績 × 月實績產量) /∑ 月實績產量

年度 C-TP 面積實績

　　＝∑ (去年 C-TP 實績 (基準) －月 C-TP 實績)× 月實績產量

年度面積實績↓％

　　＝年度 C-TP 面積實績 /∑ (去年 C-TP 實績 (基準)× 月實績產量)

計算的重點說明

　　高度實績　＋　面積實績

① 降低每台加工費從 30.66RMB → 23.88RMB/ 台

　　高度實績每台加工費從 30.66RMB → 21.00RMB/ 台

② 設定每個月的高度目標：例如 1 月 26.36RMB、2 月 23.45RMB、3 月 19.24RMB……以此類推

　　每月的高度實績：例如 1 月 21.35RMB、2 月 22.82RMB、3 月 17.35RMB………以此類推

③ 設定每個月的面積目標：例如 1 月＝ (30.66RMB － 26.36RMB)× 產量 80,520 台＝ 346,151RMB (四捨五入)

　　每月的面積實績：例如 1 月＝ (30.66RMB － 21.35RMB)× 實績產量 80,520 台＝ 749,641RMB

④ 年面積目標合計＝彙總每個月的面積目標＝ 8,677,750RMB

　　年面積實績合計＝彙總每個月的面積實績＝ 11,889,576RMB

3-9-5 利用貢獻率管理進度

以貢獻率達成度來管理面積目標的進度有2個指標

・第1：施策項目數量飽和度指標 (施策項目數量夠不夠) ？怎麼看呢？

> 預估年度貢獻率＝ (預估年度效果 / 年度目標) 有超過 100% 嗎？
> 有的話，表示施策項目的飽和度是足夠的。

・第2：執行力度指標 (執行施策項目的力度夠不夠) ？怎麼看

> 一年劃分成 12 個月，每個月的累計實際貢獻率，有無超過累計
> 目標嗎？
> 例如：1~3 月的累計目標 (3/12 個月) ＝ 25%。
> 實績貢獻率＝ (1~3 月實際效果 / 年度目標) 有超過 25% 嗎？

範本說明

從左邊往右邊，一項一項看 (下頁圖參照)
① 當月新增的施策項目件數有 35 件
② 累計施策項目件數有 301 件
③ 累計 301 件的預估年間的 Cost Down 金額為 9,871,487RMB
④ 所以施策項目數量飽和度指標 (預估貢獻率) ＝
　 9,871,487RMB/8,677,750RMB ＝ 113.76%
⑤ 當月為止的累計實績 Cost Down 金額為 11,889,576RMB
⑥ 所以施策項目實行力度指標 (實際貢獻率) ＝
　 11,889,576RMB/8,677,750RMB ＝ 137.01%

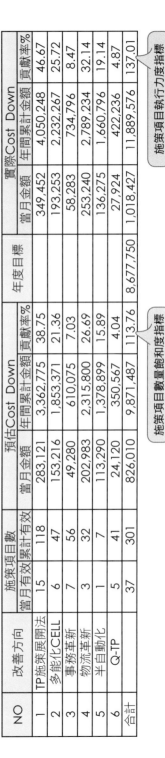

貢獻率管理進度的範本

單位：RMB

■預估貢獻率%　■實際貢獻率%

實際貢獻率超過當月目標？

預估貢獻率超過100%？

■預估年間累計金額　■實際年間累計金額

顯示金額

NO	改善方向	施策項目數		預估Cost Down			年度目標	實際Cost Down		
		當月有效	累計有效	當月金額	年間累計金額	貢獻率%		當月金額	年間累計金額	貢獻率%
1	TP施策展開法	15	118	283,121	3,362,775	38.75		349,452	4,050,248	46.67
2	多能化CELL	6	47	153,216	1,853,371	21.36		193,253	2,232,267	25.72
3	事務革新	7	56	49,280	610,075	7.03		58,283	734,796	8.47
4	物流革新	3	32	202,983	2,315,800	26.69		253,240	2,789,234	32.14
5	半自動化	1	7	113,290	1,378,899	15.89		136,275	1,660,796	19.14
6	Q-TP	5	41	24,120	350,567	4.04		27,924	422,236	4.87
合計		37	301	826,010	9,871,487	113.76	8,677,750	1,018,427	11,889,576	137.01

施策項目數量飽和度指標

施策項目執行力度指標

Chapter 3

專門為華人產業量身訂做的TP管理

3-9-6 貢獻率表製作方法

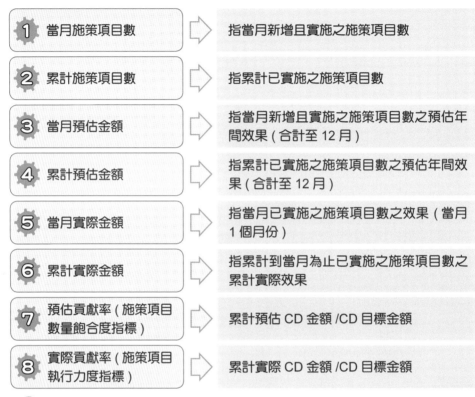

從施策項目一覽表轉成貢獻率表的概念方法

1. 當月施策項目數 ⇨ 指當月新增且實施之施策項目數

2. 累計施策項目數 ⇨ 指累計已實施之施策項目數

3. 當月預估金額 ⇨ 指當月新增且實施之施策項目數之預估年間效果（合計至 12 月）

4. 累計預估金額 ⇨ 指累計已實施之施策項目數之預估年間效果（合計至 12 月）

5. 當月實際金額 ⇨ 指當月已實施之施策項目數之效果（當月 1 個月份）

6. 累計實際金額 ⇨ 指累計到當月為止已實施之施策項目數之累計實際效果

7. 預估貢獻率（施策項目數量飽合度指標）⇨ 累計預估 CD 金額 /CD 目標金額

8. 實際貢獻率（施策項目執行力度指標）⇨ 累計實際 CD 金額 /CD 目標金額

 實例逐項說明

以 **4 月**為例 **(** 金額單位為 **RMB)**

• 4 月新增的施策項目為編號 6~10 共有 5 件，所以累計數為 10 件。

• 4 月當月 5 件施策項目的預估年間金額為灰色框框的面積 27,000，到 4 月為止的累計預估金額為淺藍色框框的預估 42,600。

• 預估貢獻率就是 42,600/100,000 (承攤的年度目標)

• 當月 (4 月) 的實際金額為黑色框框的實績金額的加總為 4,500

• 當月 (4 月) 為止的實際金額為藍色框框的實績金額的加總為 6,600

• 那麼實際貢獻率就只有 6,600/100,000 (承攤的年度目標) ＝ 6.6%

施策項目數		預估金額（年度）		預估貢獻率(1年)	實際金額		實際貢獻率（4月）
當月	累計	當月	累計		當月	累計	
5	10	27,000	42,600	42,600/100,000	4,500	6,600	6600/100,000

NO	費目	施策項目	CD金額	1月	2月	3月	4月	5月	6月	7月	8月	9月	10月	11月	12月	合計
1	工資		預估	100	100	100	100	100	100	100	100	100	100	100	100	1,200
			實績	100	100	100	100									
2	外包		預估	200	200	200	200	200	200	200	200	200	200	200	200	2,400
			實績	200	200	200	200									
3	消耗工具		預估			300	300	300	300	300	300	300	300	300	300	3,000
			實績			300	300									
4	輔材		預估			400	400	400	400	400	400	400	400	400	400	4,000
			實績			400	400									
5	雜項		預估			500	500	500	500	500	500	500	500	500	500	5,000
			實績			500	500									
6	工資		預估				600	600	600	600	600	600	600	600	600	5,400
			實績				600									
7	外包		預估				600	600	600	600	600	600	600	600	600	5,400
			實績				600									
8	消耗工具		預估				600	600	600	600	600	600	600	600	600	5,400
			實績				600									
9	輔助材料		預估				600	600	600	600	600	600	600	600	600	5,400
			實績				600									
10	雜費		預估				600	600	600	600	600	600	600	600	600	5,400
			實績				600									
11	OOO		預估					400	400	400	400	400	400	400	400	3,200
			實績													
12	YYY		預估					400	400	400	400	400	400	400	400	3,200
			實績													
13	UUU		預估					400	400	400	400	400	400	400	400	3,200
			實績													
14	PPP		預估					400	400	400	400	400	400	400	400	3,200
			實績													

施策項目	1月	2月	3月	4月	5月	6月	7月	8月	9月	10月	11月	12月	合計
當月施策項目數	2	0	3	5	4							0	14
累計施策項目數	2	2	5	10	14	14	14	14	14	14	14	14	14

轉成 C-TP 貢獻率表

○○年 04 月 C-TP 貢獻率表

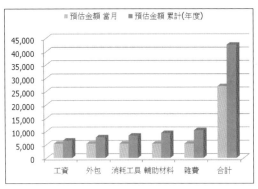

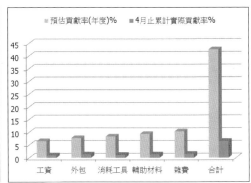

NO	費目	施策項目數		預估金額		預估貢獻率(年度)	年度目標金額	實際金額		實際貢獻率
		當月	累計(年度)	當月	累計(年度)			當月	累計	
1	工資	1	2	5,400	6,600	6.60%		700	1,000	1.00%
2	外包	1	2	5,400	7,800	7.80%		800	1,400	1.40%
3	消耗工具	1	2	5,400	8,400	8.40%		900	1,200	1.20%
4	輔助材料	1	2	5,400	9,400	9.40%		1,000	1,400	1.40%
5	雜費	1	2	5,400	10,400	10.40%		1,100	1,600	1.60%
合計		5	10	27,000	42,600	42.60%	100,000	4,500	6,600	6.60%

施策項目數量飽和度指標　　　　施策項目執行力度指標

 貢獻率表實例說明

單位：RMB

- 將所有施策項目依財務費目別整理成為當月和累計的施策項目數各為 5 件和 10 件。
- 當月和累計的預估年度 CD 金額各為 27,000 和 42,600。
- 預估的年度貢獻率 (施策項目數量飽合度指標) 為 42,600/100,000 = 42.6%。
- 當月和累計到當月為止的實際金額分別為 4,500 和 6,600 RMB。
- 累計到當月為止的實際貢獻率 (施策項目執行力度指標) 6.6%。

在第 1 章 10 大秘訣之 3 提到目標值的設定和實績值的評價,如果沒有和財務實績連結的話,會造成假成果,毛利日結管理系統,就是扮演鏈接財務數據的功能。

毛利日結管理的要領

① 雖然已編列有年 (月) 度財務損益預算,但那只是一個基礎,因市場的變化……等等因素,每個月要依照實際接單的狀況及時調整預算,稱為實行預算。

② 然後將每月的實行預算依照稼動日分割成一日的預算,也稱為日限額,實行日結管理。

③ 每日報告銷貨收入、銷貨成本、經費實績、毛利率、合併淨利等,像銀行一樣做日結管理。

④ 如此一來,TP 管理的 CD 實績與財務報表是否銜接,很清楚可以獲得確認。

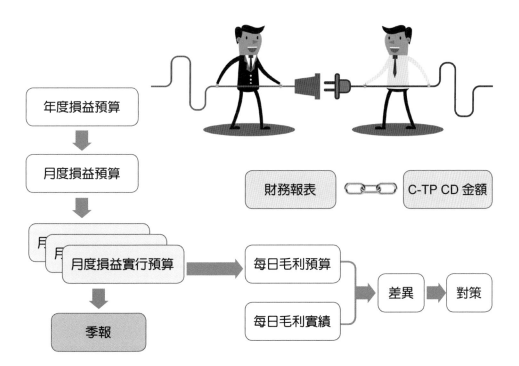

××事業部毛利日結表（5 月份）

項目	財務預算 Ver.2	實行預算	日限額	日限額 (累計目標)	日限額 (累計實績)	累計差異	實績 占預算 營業額比	責任者	第1週週限額 5/1-5/5	第1週週實績 5/1-5/5	第1週差異
出貨數量(1)											
出貨數量合計											
銷售收入(1)											
營業收入合計											
營業成本											
銷貨材料成本(1)											
銷貨材料成本合計											
本期製造費用合計											
薪資支出											
消耗工具											
消耗雜器											
顧問費											
事業部成本合計											
事業部毛利											
薪資支出											
其他費用											
管銷研費用合計											
營業淨利											

每日上午 8:30 實績出爐

及時對策

　　TP 管理雖是各個企業獨自創立的管理手法，但是它的管理循環仍然是 PDCA 的循環，而且是多重的循環和大大小小的循環甚多，為了落實 TP 管理的活動，訂定基本的運作方式是有其必要性的。如下表為筆者擬定之 TP 管理運作方式。

項目	運作名稱	頻度	主持人	參加人員	任　務
1	總合目標說明會	1次/年 每年第1個上班日	董事長或總經理	全體員工	1. 戰略的總合目標說明 2. 年度董事長(或總經理方針說明)
2	部門長方針說明會	1次/年 每年第2個上班日	部門長	全部門人員	年度部門長方針說明
3	TP 管理委員會	1次/月 臨時會	事務局總幹事	董事長或總經理、部門長、部門推進委員	1. 目標項目調整 2. 目標值設定 3. 月間報告檢討 　(1) 工作進度報告 　(2) 成果報告 　(3) 未達成原因分析報告 4. 與財務部門實績關聯報告檢討
4	部門推進委員會	1次/月 臨時會	部門推進委員	部門長、變形小組 Leader 部門成員、跨部門成員	1. 目標展開 2. 目標項目訂定 3. 選定施策項目 4. 對策方法的審核 5. 實行計畫之審核 6. 成果確認檢討 7. 困難點排除
5	小組會議	1次/月 臨時會	變形小組 Leader	相關協力者	各施策項目實施計畫之立案、實施、進度管理
6	計畫發表宣誓大會	1次/年 年初	事務局總幹事	全體員工發表者：事務局部門長變形小組 Leader	當年度的目標設定和實行計畫擬定完畢時，召開全體員工舉行宣誓大會，強化全員目標共有和徹底實施的決意。
7	成果發表會	1次/年 年末	事務局	全體員工發表者：事務局部門長變形小組 Leader	分享改善實施過程的苦勞和目標達成的喜悅，因而加強了凝聚力。

TP 管理導入後有何效益,是最高經營者最為關切的事情,因此在正式導入 TP 前,應先決定出效益評估的指標以及各項指標的基準值 (目前成績) 為何,以便於未來做分析比較。由於產業不同,其評價的指標亦有所差異,下表列出一般常用的效益評價指標。

定量指標

分類	指標名稱	計算方式	週期
共通性	管理力	依管理力診斷評價表	年
	基礎體力	依基礎體力診斷評價表	年
成本	製造成本率	製造費用 / 營業額	年、月
	勞動製造力	(新標準工時／實績工時) X (標準工時 / 新標準工時)	年、月
品質	客訴件數	件數 / 年	年、月
	不良品削減	1. 不良品退回金額 / 營業額 2. 不良材料費 / 原材料費	年、月
交貨期	交貨期遵守率	如期交貨件數 / 訂單件數	年、月
	製造期間短縮	從投入到包裝完畢之期間	年、月
	庫存量削減	庫存金額 / 營業額	年、月

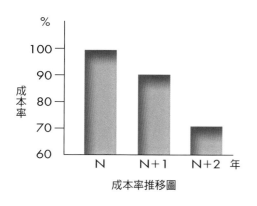

成本率推移圖

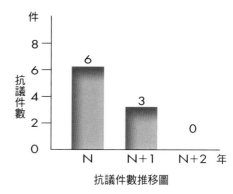

抗議件數推移圖

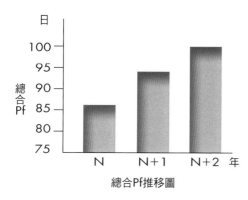

總合Pf推移圖

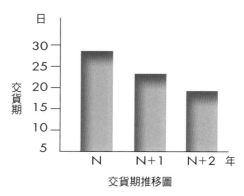

交貨期推移圖

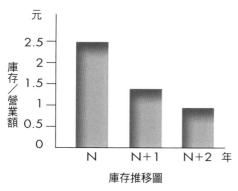

庫存推移圖

項目 / 年		N	N+1	N+2
營業額				
庫存	材料			
	半成品			
	完成品			
	呆料			
	海外			
	合計			
庫存 / 營業額		2.5	1.5	1

管理力評價雷達圖

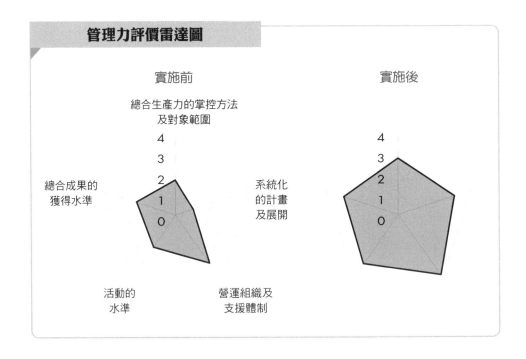

實施前　　　　　　　　　　　　　實施後

總合生產力的掌控方法
及對象範圍

總合成果的
獲得水準

系統化
的計畫
及展開

活動的
水準

營運組織及
支援體制

基礎體力評價雷達圖

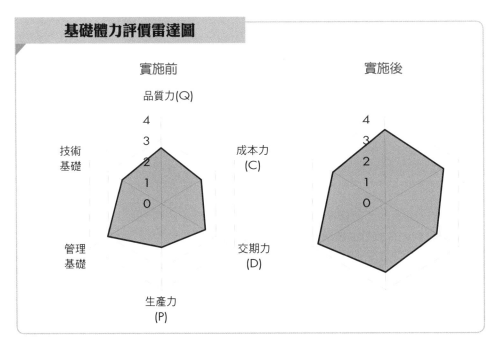

實施前　　　　　　　　　　　　　實施後

品質力(Q)

技術
基礎

成本力
(C)

管理
基礎

交期力
(D)

生產力
(P)

3-12 成功關鍵因素

① 準備階段應注意事項

(1) 最高經營者一定要表明對 TP 管理制度導入的決心，要讓幹部及員工都感受得到。

(2) 最高經營者對企業的願景及想要達到的目標要很明確。

(3) TP 管理事務局總幹事是一位靈魂人物，成功與否占有相當大的影響力，所以總幹事的人選非常重要，具有明朗積極的特質和職位越高越好。

(4) 現狀的管理水準和業績要正確的掌握與體認，作為戰略的總合目標設定的依據。

(5) 認知現狀的管理水準，千萬不可跳級。

(6) 導入前應先規劃要收集哪些資料，要找出各效益指標的現況值。

(7) 各項資料收集與整理要快且正確，所以 IT 技術的人才要事前準備或養成。

(8) 至少有 1/3 以上的員工成為 TP 成員，接受 TP 管理的基本教育和相關知識教育。

(9) 各階層主管要以身作則參與各項活動，隨時能夠掌握 TP 管理的推進狀況。

(10) 將其他的改善活動如目標管理、改善提案制度、QC 圈、PM 等其他的改善活動加以統合，全部納入 TP 管理的活動內。

② 實施階段應注意事項

(1) 最重要是各階層主管以身作則，率先示範，所以要確實參與 TP 管理各項活動。

(2) 各項活動資料收集整理之日程要百分之百遵守。

(3) 部門長應適時提出較重大的對策方法來帶動士氣。

(4) 部門長應非常關心變形小組的進度狀況，適時的伸出援手，增強變形小組的自信。

(5) 不斷地向外取經，以增進技術力，各階主管每月至少向外取經一次。

(6) 落實性比進度重要，每個步驟都要很徹底的完成，才能進入下一個步驟。

(7) 由 TP 成員訂定 TP 管理活動應遵守的事項。

(8) 宣誓大會和成果發表會是凝聚向心力、提振士氣最佳場合，所以一定要召開。

③ 完成階段應注意事項

(1) 效益評估之正確性。

(2) 要抓住每一個對策項目與成果的真實性。

(3) 落實標準化。

(4) 要檢討下一個年度的課題，不斷地擴大範圍和困難度。

(5) 成果發表會是分享苦勞、成果喜悅和互相學習的最佳場合，所以一定要召開。

Chapter 4

9 大差別化施策展開工具

4-1 革新概念

4-1-1 何謂革新

從普通、平凡、隨處可見的事物中能發現與眾不同的新奇或用途,並讓其展現出來,這無疑需要獨特的眼光、獨特的思維、獨特的方法,這種獨特就是革新。從廣域的角度來看的話,只要在自己的職場範圍內第一次有顯著性的變化,都可以定義為革新。

例如:①重疊置放鋼板的腳架,設計四角導杯,容易定位

例如:②鏡頭環的加工面有 2 個,改善前分開在 2 個機台加工,所以要有 2 個夾具,第 1 台機台後,卸下來裝到第 2 台機台的夾具時,要重新軸心定位,浪費工時。

> **改善著眼點**
> (1)夾具合併成 1 個
> (2) A 面加工後旋轉 90 度加工 B 面

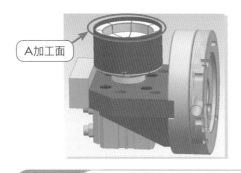

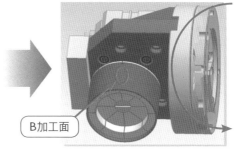

A加工面

B加工面

> **改善效果**
> (1)僅需取放 1 次
> (2)有效降低 2 次裝夾具校正帶來的不良風險

例如：③測量圖示部品尺寸，因有凹槽，所以傳統的高度計因針頭的形狀是圓珠，無法測量。

H＝？，如何測量？

因測針關係，無法使用高度計測量

所以常用的方法就是工具顯微鏡或三次元測量

使用工具顯微鏡測量

使用三次元測量

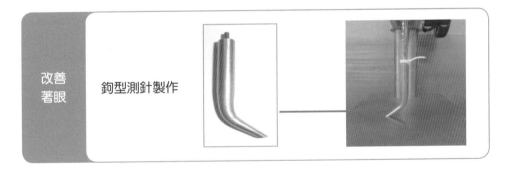

改善著眼　　鉤型測針製作

安裝於現有高度計上，實現了可以測量凹槽的尺吋

外部測量

內部測量

4-1-2 為什麼需要革新

①時代的需求

過去農業經濟的時代，生產的農業產品售價，材料費占了 70%，鋤頭加工才占 30% 的比例。進入工業經濟時代，以機器代替人工，材料費 / 售價比已縮小。知識經濟的時代，科技產品的售價很明顯的材料費所占比例越來越低，取而代之的是知識費用。進入智慧經濟的時代，智能 (數位) 產品的售價，材料費占比只剩不到 20%，是靠知識費和智能費在獲得利益。

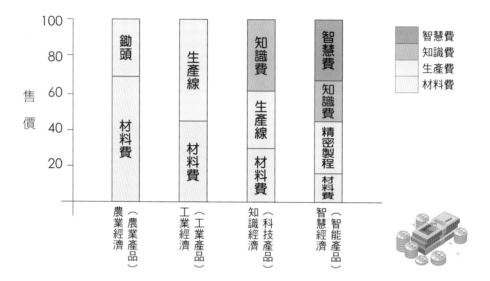

② 3C 的變化

過去賣方市場的時代，生產多少就可以賣多少，製造業的重點工作是如何大量生產，因此生產線的布局是生產線流水線、作業標準化、部品規格化、輸送皮帶化、時間同步化。產銷管理靠的是 Computer、Communication、Control，當時可以說是 3C 的時代。

但是因為製造業蓬勃發展，供過於求，交通發達拉近了國與國之間的距離，國際間買賣的流通形成了地球村的競爭，加上訊息化的發達，人們知識量的爆炸，消費者有越來越多的選擇，消費者知道的多，也越來越聰明。

所以

從 1990 年代初期，買賣雙方 180 度轉變，賣方或製造商不再處處占上風；相反的，顧客才擁有決定與支配的力量。也就是顧客、競爭的對象、變化的本質都產生了激烈的變化，可以說是新的 3C。

新的3C

① Customer 顧客—顧客的變化

消費者有越來越多的選擇，消費者知道越來越多，所以要求個性化產品、要求更多的服務、要求更多的折扣、要求更快的交貨。

② Competition 競爭—競爭的變化

地區性→國際間的競爭
地區性→國際間比價格
多樣性與選擇性
過去東西只要不壞掉就好→苛求的品質
售前服務或售後服務

③ Change 變化—變化的本質也起了變化

產品生命週期越來越短
產品種類越來越多
量身訂做
科技發展一日千里
知識爆炸
汰舊換新速度要快

③保持競爭優勢

歷史的定律，每一週期會重新洗牌

① 1950 年代的世界 500 強，在 1990 年已經有 230 家在 500 強消失，還在 100 強的只有 29 家。

② 19 世紀世界最大的 100 家公司，到 20 世紀只有 5 分之 1 存在。

③ 數位化時代來臨，重新洗牌的速度，只會加快不會變慢

看看近年來發生的大事

① 諾基亞 (Nokia) 的手機部門，被微軟 (Microsoft) 併購

② 發明電話的 AT&T 在百年後遭到被併購的命運

③ 發明裝配線生產模式的福特汽車被超越

④ 發明收音機的 RCA 如今安在？

⑤ 發明複印機的全錄 (施樂)(XEROX) 近幾年都在掙扎邊緣

⑥ 1971 年發明世界第一台數位相機的柯達，如今破產

①環境影響判斷能力

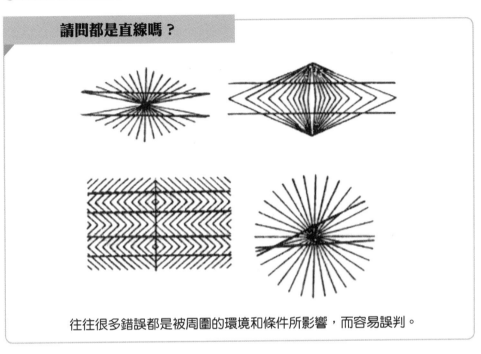

請問都是直線嗎？

往往很多錯誤都是被周圍的環境和條件所影響，而容易誤判。

②傳統文化的侷限

　　傳統文化、法律和道德習慣等因素，常使我們的思考受到侷限，而減少改變的能力。例如：右圖在都市裡，這些女生稱穿拖鞋的老土。相反的，下圖在封閉的社區，則稱這位穿著時髦的女生臭美。

老土

臭美

③從眾心理

> (1)人人有懷舊的思想、從眾心理
> (2)部屬的革新往往使上司不爽

↓

> 右圖表示的是中間的猴子，認為猴子
> 應該可以跟人一樣站起走路，但馬上
> 被同伴壓下去。

④先入為主的觀念

> 很多發明因先入為主的觀念，都被認為只能用在單獨的目的上
> (1) 蒸氣機原用在礦井抽水，隔了好久才運用到火車上。
> (2) 1940 年拉鍊是美國大兵發明的，原美國海軍陸戰隊靴子是用綁線的，因太花
> 時間而發明出拉鍊，但運用到民間是 20 年後。

⑤太過追求完美

> 一絲不苟，十全十美不可取
> 日積月累，以小見大方是真
> 例如：打針的時候，不需要貼上標靶

4-1-4 革新的 4 個基礎

①要自信

瞎子過獨木橋的啟示：
其實大家都有能力過獨木橋，
但是看到萬丈深淵，就缺乏自信。

②要多疑

(1) 否定自我，懷疑一切都有可能
(2) 破舊立新，推陳出新，找到新思維，
    找到革新方法。

③要幻想

古人的幻想，現在都夢想成真，例如：
西遊記寫上天下海、騰雲駕霧，都實現
了。

④要行動

陶行知 (教育學家) 說：
行動是老子，
知識是兒子，
革新是孫子。
Try 是西方人的口頭禪

才能挖到寶藏
有持續的行動力

4-1-5 革新的 6 個基本方法

①他用

| 方便麵 | ➡ | 方便粥 |

②借用

藉用撲克牌印上廣告：
例如：抓壞人的時候，把壞人的相片印在撲克
牌上，全世界很快就知道了。

③改變

紅綠燈 oo 從單純變成多樣化

④調整

歷史上有名的田忌賽馬的故事：
以 3 等馬對應對方的 1 等馬
以 1 等馬對應對方的 2 等馬
以 2 等馬對應對方的 3 等馬
結果獲得二勝

(1) 屢戰屢敗 <--> 屢敗屢戰
(2) 能否邊看電視邊學習 <--> 能否邊學習邊看電視

⑤顛倒

磁與電
電生磁：馬達、電磁鐵、磁浮列車
磁生電：發電機

⑥組合

瑞士軍刀
著名的瑞士軍刀有幾十種功能，精緻而多用，
行銷全世界數十年而不衰

4-2 意識改造

命運改變的 5 步曲：思想→態度→行為→習慣→命運

產業也是一樣，想要脫胎換骨的第一步，就是要先改造意識，也就是革新活動之前，要先革心，也就是意識改造。

革新 ＝ 革心 ＝ 意識改造

4-2-1 意識改造的概念

①丟掉目前為止的意識

所有的改革都是從意識的改革來開始的，丟掉到目前為止的意識心態，尋求新的改革方向來改變自己。例如：2008 年北京奧運主辦的中國獲得獎牌數量比過去多很多，就是意識改變的力量和地主國啦啦隊的力量。

還有田徑比賽最熱門的項目拔河比賽，眾所皆知，藉啦啦隊的力量鼓舞士氣，功不可沒。

　　左圖力不從心太困難了，我搞不定，這是不行的。要如右圖一樣意識改變，舉重若輕，把困難事都想成簡單、想成容易的話，就容易完成，心念一轉，結果完全不一樣。

從以前就是搬不動的

改變意識和方法

舉重若輕

②從現在的常識中擺脫出來

經典事例

(1) 飛機的發明
(2) 超音速材料的發明

　　物理學阿基米得原理告訴我們，一種東西要浮在一種東西之上，那一定是密度低的在上面，像木頭浮在水上。所以萊特兄弟要造飛機時，所有科學家都認為木頭和鐵要浮在空氣中，那是不可能的，結果發現新的浮力，發明飛機是從現有常識中跳脫出來的。

　　超音速飛機的發明，也是否定現在的常識，才能發現了新的材料。

近代事例

塑膠鏡片發明了新材料，所以光學的特性直逼玻璃鏡片，對光學產品的輕、薄、短、小、優異性能做出了很大的貢獻。所以原來的常識不一定是真理。

4-2-2 革新的 10 大阻力

要清除掉革新的 10 大阻力的人

這樣的說法要在公司內清除掉

① 在我們的現場，是行不通的

② 是這樣的嗎？我們公司是不一樣的

③ 方法是明白了，但實際上嘛……

④ 沒有好好說明到底要改變些什麼

⑤ 我們的部門不好，是因為那個部門的原因

⑥ 在庫量是很適當的

⑦ 不良為零是不可能的

⑧ 成本已經是最低了

⑨ 這樣的作法是無法工作的

⑩ 我們公司現在更重要的是……事

清除掉不具備革新態度的人

　　嘴巴掛這種話的人是不會參加改革行動、是不會去想改善施策的人，不能成為 TP 要員。

4-2-3 必須具備的品德和士氣

意識改造除了要跳脫傳統的意識心態和常識之外，也必須要具備一流的品德和士氣。

所謂品德 (Moral) 就是與職場相符合的儀表，行為和態度，嚴守 5S 中的教養。

所謂士氣 (Morale) 就是使品德，工作態度不斷提高的行為意念，因為思想會牽動行為，但行為也會牽動思想，跑步訓練、起坐訓練、聲音一大，勁就來了，TP 成員工作前大喊幾聲，就是提高士氣的行為意念。

為了提高個人的品德和士氣，從今天開始，每個TP人都要：

① 反省今天的自己

② 從明天開始充滿熱情地投入工作

③ 聲音洪亮爽朗，動作快而敏捷

④ 設定高目標 (至少 30%)

4-2-4 　品德和士氣高昂的職場

每個TP人都要做到

①每一個人的目標明確
②充滿活潑朝氣與聲音宏亮
③動作迅速敏捷
④人人參與
⑤挑戰自我極限

→

**如此職場
才會有活力**

4-2-5 　生產革新的基本思想

生產革新的基本功夫

① 心 = 改變意識
② 技 = 研習技法
③ 體 = 實踐力行

　　光說不做是沒有用的，決定革新成敗的因素，不是自動化，而是取決於員工的意識態度和能力。因此生產革新的思想如下：

生產革新的基本思想

① 有我必成

② 沒有不可能的事

③ 沒有最好的方法，永遠有更好的方法。

④ 追求理想

⑤ 光有想法不成，行動是唯一法門。

⑥ 革新成果反應在成本降低、績效提升。

4-3 士氣訓練

思想牽動行為，但行為也會牽動意念，跑步訓練、起坐訓練，聲音一大，勁就來了，運動比賽選手出賽前大喊幾聲，就是提高士氣的行為意念，職場也是一樣，有著高昂的士氣，革新活動必然容易成功。

士氣訓練3個部分
1. 上下課
2. 上台報告
3. 室外訓練

士氣訓練的目標
1. 精、氣、神集中
2. 壓倒對方的氣勢和氣魄

4-3-1 上下課

項目	禮儀		內容
1. 老師上台後	號令：	起立	
		敬禮	
	學員：	請多指教（完成後鞠躬）	
	號令：	坐下	
2. 上課詢問	學員：	舉手	
	老師：	批准	
	學員：	起立	我是〇〇組〇〇〇有〇〇問題請教
	老師：	回答完畢後	
	學員：	謝謝指教	
	學員：	坐下	
3. 老師課程完畢後	號令：	起立	
		敬禮	
	學員：	謝謝指教（完成後鞠躬）	
	號令：	坐下	

4-3-2　上台報告

　　參加培訓的學員分成 N 個小組，一組約 4~6 人，在整個活動中有多次上台報告的機會 (目標宣言、每回合小結、總結、比賽)，上台、下台的程序如下：

項　　目	動作	內容	備註
1. 請 XX 組出列	司儀		
2. 出列	號令		
3. 小跑至側面	左右手加油		
4. 齊出小跑至演講台	立定 (號令) 向左轉		
5. 看齊	(向組長)　　號令		
6. 好、注意 (拍手)、敬禮	號令		
7. 請多指教	全員		
8. 小組介紹	組長		
組長先	XX 組組長 OOO	請多指教	
學員	XX 組學員 XXX	步驟：上前一步立正	
9. 發表開始	就定位	號令	
10. 主題報告	由被指定者報告		
請長官質詢	司儀		
11. XX 組發表完畢	司儀		
發表完畢	組長		
12. 注意、敬禮	謝謝指教，入列	跑回坐位	

上台報告的程序說明

①報告開始—入場順序

適用於各項報告

入場順序

向右轉，跑步走

跑的時候注意整齊；腳用力

生產革新：加油！加油！加油

向左向右轉

1.立定

2.向左轉

3.看齊

4.好！

5.注意！

6.敬禮！請多指教

7.組長：小組介紹
依次到號令

8.組長：發表開始

9.號令：向左向右轉

10.跑步走

號令： 1.立定
2.向左向右轉

螢幕

投影機

向左向右轉

組準備

司儀： 組出列

組別

組別

②報告結束─退場順序

小結報告，總合報告

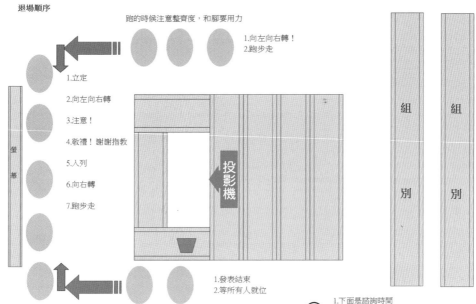

退場順序

跑的時候注意整齊度，和腳要用力

1.向左向右轉！
2.跑步走

1.立定

2.向左向右轉

3.注意！

4.敬禮！謝謝指教

5.入列

6.向右轉

7.跑步走

投影機

組別　組別

螢幕

1.發表結束
2.等所有人就位

司儀：

1.下面是諮詢時間
2.各位長官，還有沒有什麼問題
3.如果沒有問題，
4.X組發表結束。

4-3-2　室外訓練

	項目	口　號	動作
1	預備 (號令)	生產革新 (殺，殺，殺) (學員一起)	先出左腳，再出右腳
2	預備 (號令)	生產革新 (加油，加油，加油) (學員一起)	先出左腳，再出右腳
3	預備 (號令)	生產革新 (必勝，必勝，必勝) (學員一起)	先出左腳，再出右腳

士氣訓練的剪影

4-4 排除浪費

4-4-1 浪費的概念

傳統浪費的定義

材料報廢、退料、廢棄物

現代浪費的定義

不產生任何附加價值的動作、方法、物料、行為和計畫

　　根據現代的定義，工作的根本目的是給產品和服務增加價值，一切不增加對顧客服務和企業價值的活動都是浪費。

所以現代浪費的定義進一步說

① 不產生價值的活動是浪費

② 不增加價值的活動是浪費

③ 儘管是增加價值的活動，但所用的資源超過了"絕對最少"的界限，也是浪費

分析作業員的動作

真正的作業占 30%

有附加價值的作業

作業員
的動作

損失 (白費)

沒有附加價值，
但現在的作業條
件 下 必 須 做 的
事：如取部品、
去除部品包裝、
換裝箱……

浪費

不產生任何附加價值
的行為動作，例如：
搬運、掛部品鉤、等
待、不良……。

損失＋浪費＝ 70%，損失無法立即解決，浪費必須馬上排除

損失 (又稱白費) 的案例

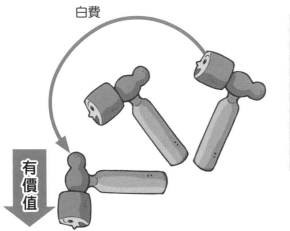

白費

有價值

套筆蓋也是白費

你的企業正在浪費中嗎？檢測7大浪費就會知道

1. 動作的浪費
2. 不良的浪費
3. 等待的浪費
4. 搬運的浪費
5. 加工的浪費
6. 製造過多過早的浪費
7. 庫存的浪費

工具放置零亂

雙手交叉作業

不良的浪費

檢測 1

常見的動作浪費
□單手空閒 (單手作業)
□左右手交換 (插秧)
□移動中轉換方向
□走步、轉身、彎腰
□動作幅度太大
□交叉作業
□過多的重複動作

部品

工具

最佳作業區域

動作的浪費

檢測 2

常見造成不良的原因
□ 欠缺作業標準
□過分要求品質
□人員技能欠缺
□品質控制點設定錯誤
□檢查方法、基準等不完備
□設備、模夾治具造成的不良

不良的浪費

檢測 3

常見造成等待的原因
□生產線布置不當，物流混亂
□設備配置、保養不當
□生產計畫安排不當
□工序生產能力不平衡
□材料未及時到位
□品質不良

等待的浪費

檢測 4

常見造成搬運的原因
□採用批量生產
□生產線間距離遠
□未均衡化生產
□品質不良
□生產過剩

搬運的浪費

檢測 5

常見造成加工浪費的原因
□工程順序檢討不足
□作業內容與工藝檢討不足
□模夾治具不良
□標準化不徹底
□材料檢討不足

加工的浪費

檢測 6

常見造成製造過多過早的原因
□以為多做能提高效率
□以為提早做能減少產能損失

製造過多過早的浪費

檢測 7

常見造成庫存過多的原因
☐ 怕出問題,所以設立庫存
☐ 批量生產
☐ 工程間平衡不良
☐ 品質問題
☐ 過度採購

庫存的浪費

庫存為什麼被稱為萬惡之首

★掩蓋問題,造成假像
★造成空間浪費
★呆料、廢料產生
★額外搬運儲存成本
★資金積壓 (利息及回轉損失)
★先進先出……,管理困難

庫存多 (就好像水庫水位高)
船順利通行,看不到問題。

等待　動作　設計不良　搬運　加工不良　製造過多　設備

　　要排除浪費的第 1 步，就是要發現浪費，發現浪費最好的方法就是到現場去觀察人的動作和物品的流動，看什麼呢？就是：①看人的動作有無浪費；②看物品有無停滯的浪費；③看物品有無被人搬來搬去的搬運浪費。也就是看 3 大浪費，因為從這 3 大浪費就可以銜接到 7 大浪費。

①動作的浪費
②不良的浪費
③等待的浪費
④搬運的浪費
⑤加工的浪費
⑥生產過多過早的浪費
⑦庫存的浪費

歸納

庫存太多

①停滯的浪費
②搬運的浪費
③動作的浪費

因為從 3 大浪費
可以連結到 7 大浪費

具體說 3 大浪費就是

著眼於物品的
有 1 個浪費

著眼於人的
有 2 個浪費

①停滯的浪費

材料超買，庫存品停滯及生產過多所形成的成品庫存或不良品……等

②搬運的浪費

不發生附加價值的換裝、長距離移動。

③動作的浪費

不發生附加價值的取放、短距離移動、機械的監視。

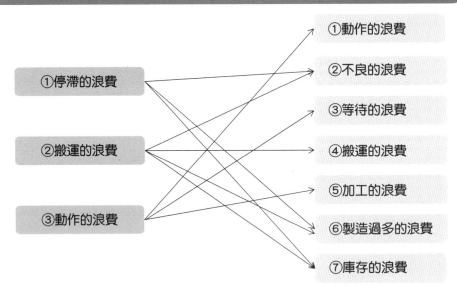

3 大浪費與 7 大浪費的關聯圖

①停滯的浪費

②搬運的浪費

③動作的浪費

①動作的浪費

②不良的浪費

③等待的浪費

④搬運的浪費

⑤加工的浪費

⑥製造過多的浪費

⑦庫存的浪費

4-4-4 如何發現 3 大浪費

　　利用停滯浪費點檢表，親自到現場觀察物品的移動狀況和停滯狀況，並進一步了解原因，例如：點檢表的 b 項，各站的安全庫存量設置 5 台，那為什麼要設置 5 台呢？最理想的狀態不就是 1 台量嗎？例如：生產線 500 台 / 日量，但是採購納入的批量 (最小包裝數) 卻是 2,000 pcs，為什麼要這麼多呢？……

①停滯浪費的點檢重點：

a. 查核 Lead Time (材料納入→成品產出)

b. 各站安全庫存量設置是否太多或超出規定標準量

c. 採購納入批量的大小、納入週期

d. 看加工中以外的物品放置 (不良品、圖訂前品、半完成品等)

e. 所有貨架的數量和容量

f. 搬運車的數量、容量和搬運週期

g. 1 個作業員的停滯量

h. 作業者之間停滯量 (平衡不良)

i. 工程間的停滯量 (引取時間決定停滯量)

j. 慢性不良引起的不良品

k. 有無提早生產和多生產

停滯點檢表

停滯浪費是最大浪費，因為它會衍生更多浪費

②排除停滯浪費的重點

透過TP活動提升體質

挑戰

> 排除停滯浪費的重點
>
> ① 生產數＝必要數
> ② 物品放置的方法要看得見
>   看得見管理的道具是超市及冰箱的概念
> ③ 管理跨距的短縮
>   朝向月→日→時，逐漸短縮管理跨距
> ④ 當庫存達到「時」為管理跨距時
>   把「超市冰箱化」當作挑戰的目標

我們把物品真正在進行加工的時間當做 1 的時候，停滯時間要花多長的時間睡在那裡 (倉庫或產線物料架、不良品區……等等)，畫成下表作對照時，發現

豐田汽車是 1:300

優良企業是 1:500

一般企業是 1:10,000

所以一般企業的庫存量當然會很高，甚至會黑字倒閉。所以停滯的浪費一定要排除。

區分	加工時間	停滯時間
豐田	1	300
優良企業	1	500
一般企業	1	10,000

(1)超市和冰箱的概念

　　店鋪的廚房要做料理時從冰箱取食材出來，當一段時間過後，冰箱內東西不夠時，就到附近超市購買東西補充冰箱一定的數量，也就是需要的時候出去購買。

(2)拉式生產＝超市和冰箱的概念

　　運用這種當需要發生時才補貨的概念，我們把職場的倉庫當作超市，放在生產線旁邊的料架就稱為冰箱，當生產線需要的時候就到料架 (冰箱) 取物，當料架 (冰箱) 物料不夠時，就到倉庫 (超市) 去買物料，當倉庫 (超市) 物料不夠時，倉庫 (超市) 擔當就會向前工程叫貨，這種由後工程向前工程取貨的方式，我們稱它為拉式 (Pull) 生產。

外注或前工程　　　　　　倉庫 (超市)　　　　　　小料架 (冰箱)

(3)推式生產和後拉式生產的差異

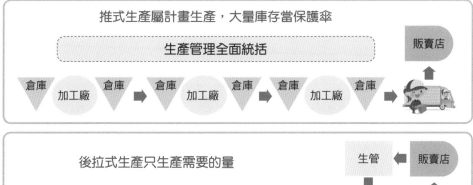

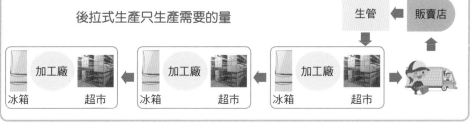

(4)後拉式生產只要逐次降低冰箱和超市的最大和最小標準量，就可以降低庫存了

超　　市	
工程名	機械加工
部品名	○○○○○○
MAX數量	500pcs/箱×20箱
MIN數量	500pcs/箱×4箱
引取時間	AM 11:00 PM 4:00
次工程	組立
運搬擔當	許

冰　　箱	
工程名	組　立
部品名	○○○○○○
數量	500pcs/hr
MAX	4hr
MIN	2hr
擔當運搬	林

- 改善前：每4個hr由冰箱到超市去取一次貨
- 超市最大量是10,000pcs
- 冰箱最大量是2,000pcs

超　　市	
工程名	機械加工
部品名	○○○○○○
MAX數量	500pcs/箱×10箱
MIN數量	500pcs/箱×2箱
引取時間	AM 9:00; 11:00 PM 2:00; 4:00
次工程	組立
運搬擔當	許

冰　　箱	
工程名	組　立
部品名	○○○○○○
數量	500pcs/hr
MAX	2hr
MIN	1hr
擔當運搬	林

- 改善後：每2個hr由冰箱到超市去取一次貨
- 超市最大量是5,000pcs
- 冰箱最大量是1,000pcs

庫存減半

(5)再增加引取頻率到 8 次,同時降低最大和最小標準量,庫存就再減半了。

超市最大量是 2500pcs
冰箱最大量是 500pcs

超　　市	
工程名	機械加工
部品名	○○○○○○
MAX數量	500pcs/箱×5箱
MIN數量	500pcs/箱×1箱
引取時間	AM 8:00; 9:00; 10:00; 11:00 PM 1:00; 2:00; 3:00; 4:00
次工程	組立
運搬擔當	許

冰　　箱	
工程名	組　立
部品名	○○○○○○
數量	500pcs/hr
MAX	1hr
MIN	0.1hr
擔當運搬	林

可以取消掉中間超市

②**搬運浪費的點檢重點**

(1)查核造成必須搬運的要因

　　搬運是完全沒有附加價值的行為,下列 8 個項目就是查核造成必須搬運的要因,例如:a 擔心品質發生問題,前後部組間設立過多的安全庫存,結果造成空間浪費 (要多一個安全庫存區)、搬運的浪費 (先搬到安全庫存區、再從安全區搬到後工程),甚至於如果發生品質不良時,要選別或重工的對象數量又增加了。

a. 設立過多安全庫存
b. 批量生產
c. 過度採購
d. 突發或慢行品質不良
e. 工程間距離過遠
f. 生產過多或過早
g. 設備故障
h. 打切呆料

呆料

如下圖也是經常可以看得到的搬運浪費實例，機器加工在 5F，品質檢查卻在 1F，每次送檢時間 5min/ 次，20 次的話，100min/ 日的浪費。

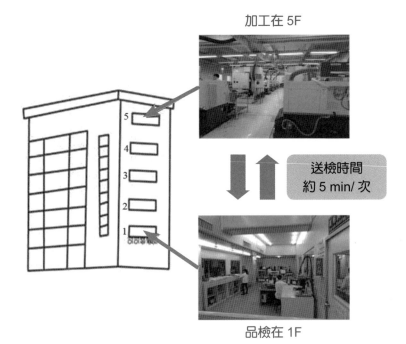

加工在 5F

送檢時間
約 5 min/ 次

品檢在 1F

(2)查核搬運本身的浪費點檢表

ⓐ. 有採用拉式生產方式嗎？
ⓑ. 搬運次數最佳化嗎？（定時或定量）
ⓒ. 搬運距離可以縮短嗎？
ⓓ. 搬運車（搬運工具）大小最適當嗎？
ⓔ. 搬運的安全最佳化嗎？
ⓕ. 出貨次數最佳化嗎？
ⓖ. 出貨容積效率最佳化嗎？
ⓗ. 所有項目的運費單價最佳化嗎？
ⓘ. 空箱的處理最佳化嗎？（回收）

(3)搬運浪費的發生主因與對策

主　因	對　策
a. 安全庫存過多	挑戰廢除安全庫存
b. 過度採購	週次發注，分批交貨
c. 工程距離過遠	依照作業順序流動，連結工程
d. 批量生產	縮短空間、近接化、在線化
e. 品質不佳	設計 0 不良、製造遵守 5M 的規定
g. 物品放置方法不佳	定品、定位、定量
h. 呆料	每 3 個月處理一次

搬運不會產生附加價值，完全廢除搬運浪費才是理想。

③動作浪費的點檢重點

- ⓐ 單手作業
- ⓑ 左右手交換 (插秧)
- ⓒ 交叉作業
- ⓓ 移動中轉換方向
- ⓔ 走步、轉身、彎腰太多
- ⓕ 用到第 4~5 級的動作
- ⓖ 生產線不平衡
- ⓗ 作業域的布置在好區域 20cm 以內
  (部品、治工具、作業台、起子……等)
- ⓘ 工具、治具不好使用
- ⓙ 照明
- ⓚ 高度 (作業台)

改善之道

動作經濟原則的實踐

4-4-5 如何排除浪費

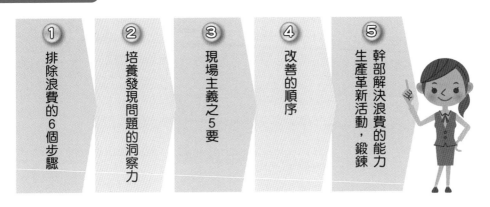

① 排除浪費的 6 個步驟
② 培養發現問題的洞察力
③ 現場主義之 5 要
④ 改善的順序
⑤ 幹部解決浪費的能力生產革新活動，鍛鍊

①排除浪費的 6 個步驟

(1)站立現場發掘浪費，眼光集中在人的動作和物品為什麼停滯

(2)尋找真因 (問 5 次為什麼)

(3)擬定施策方案

(4)馬上實踐 (立刻做做看)

(5)結果反省 ⟶ 成效不佳

(6)良好

成效不佳 ⟶ 再試一次 ⟶ 再試一次

發掘下一個改善點 (向更好的境界及其他職場挑戰)

②培養發現問題的洞察力

解決浪費的第一步，要知道浪費在哪裡？

發現浪費的秘訣，就是要站立現場用心觀看。

站在現場看什麼呢？

眼光要集中在 "物品" 的停滯及 "人" 的 "動作"、"搬運" 3 項

- 例如：物品的動線順暢嗎？順行還是逆行？各工程之間的停滯品多寡、餘料堆積、不良品堆積……等等現象、再追問 5 次 why，就會發現很多浪費了。
- 再看作業員的頭、手、腰的動作距離、步行、空行 (兩手空空)、搬運、6S……也同樣可發現很多浪費。

餘料改善實例

改善前

改善後

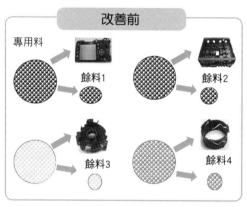

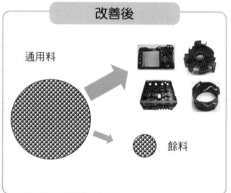

材料費降低實例

材料費降低實例

因組立工程部品停滯，往前追發現前加工工程材料浪費。

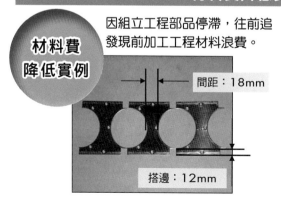

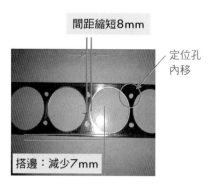

改善前	改善後

示波器置於桌面上

示波器置於桌面下

③以現場主義進行改善之 5 要

再強調一次心、技、體合一並養成習慣，是生產革新成功之鑰，所以以現場主義進行改善之 5 要：

發掘能力

解決能力

時間

心

習慣

意願

例如：台灣某公司設定每天 15:00~17:00 為改善時間並將之固化。

該公司要求幹部到現場 10 秒鐘內，沒能講出問題的話，就算不及格。

要求幹部每天做 3 件事情：

1. 培養發掘浪費的能力

2. 今天發現的浪費，今天內解決

3. 要經常留意其他工場，並做密切交流

重複的去做、每天去做，做到養成習慣，所以該公司成為標竿企業。

④改善的順序

⑴ 從出貨現場開始改起,因為做出來的東西要能賣出去,出貨現場是能產生營業額和洞悉市場的地方。

⑵ 先作業改善,再做設備改善,再進化到工業 4.0

為什麼呢,我們來看一段有關 IE 報導的記載:

工業工程在華人地區的應用前景十分廣闊,日本能率協會專家受委託,在華人地區推廣工業工程技術,認為許多企業不需要在硬體方面增加許多投資,只要在管理方式、人員素質和工業工程等方面著力改進,生產效率就可提高 2~3 倍、甚至 5 倍。

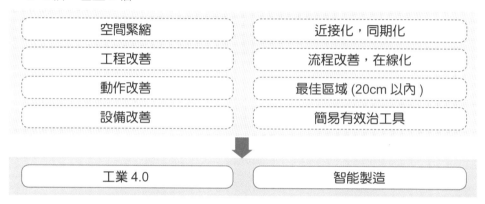

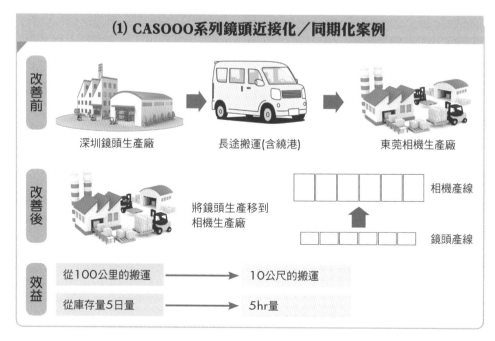

(1) CASOOO系列鏡頭近接化／同期化案例

(2) 暗室在線化案例

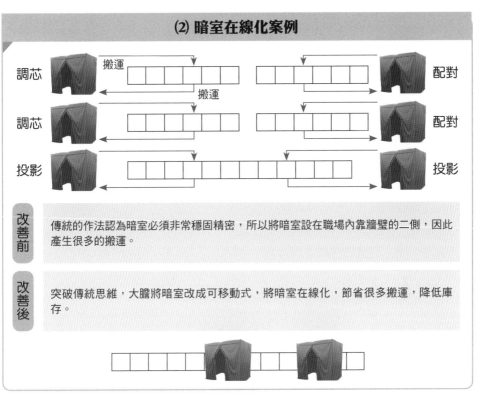

調芯　搬運　配對

調芯　配對

投影　投影

改善前 | 傳統的作法認為暗室必須非常穩固精密，所以將暗室設在職場內靠牆壁的二側，因此產生很多的搬運。

改善後 | 突破傳統思維，大膽將暗室改成可移動式，將暗室在線化，節省很多搬運，降低庫存。

(3) 動作改善案例(最佳區域20cm以內)

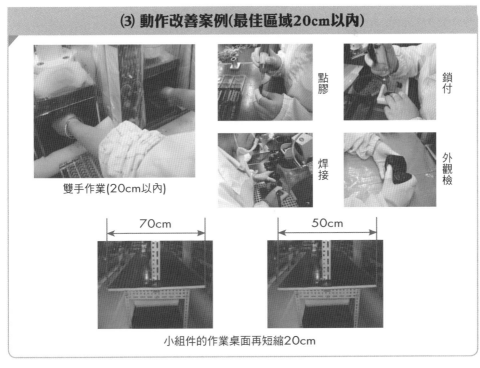

雙手作業(20cm以內)

點膠

鎖付

焊接

外觀檢

70cm　50cm

小組件的作業桌面再短縮20cm

(4) 簡易有效治工具案例-1

改善前	改善後

人工點AB膠，需乾膠時間4hr且點膠人員易疲勞

機器點UV膠，只需乾膠時間20秒

改善效果　縮短4hr庫存時間，活出1人

簡易有效治工具案例-2

改善前	改善手法	改善後

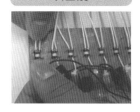

改善思路：
將手動取出，改為治具頂出

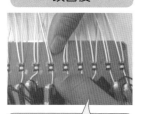

線圈焊接ok後，需用手捏住線圈兩端的導線，將線圈輕輕拉出

用手輕輕向下按一下！全部彈出來了

問題點

1. 用力過大，易導致線芯斷裂
2. 作業速度慢，效率低

⑤生產革新活動鍛鍊幹部解決浪費的能力

每期3個月/5回/每回2日/每日8hr/15~20人/期

	1回	2回	3回	4回	最終回
士氣訓練	士氣訓練	士氣訓練	士氣訓練	士氣訓練	士氣訓練
	開訓儀式 計畫說明	發表練習 1回總結	發表練習 2回總結	發表練習 3回總結	發表準備 4回總結
座學	座學 革新概念	座學 三現主義	座學 防錯法	座學 削減庫存	總合發表
	座學 意識改造 職場巡迴	座學 排除浪費 職場巡迴	座學 定點取放 職場巡迴	座學 JIT概念 職場巡迴	個人發表
現場改善	現場改善	現場改善	現場改善	現場改善	現場改善
發表練習	發表練習 目標宣言	發表練習	發表練習	發表練習	個人發表
	1回小結	2回小結	3回小結	4回小結	頒獎
R&Q	R&Q	R&Q	R&Q	R&Q	結業式

4-5 三現主義

三現主義就是親臨現場，察看現物，把握現實 (事實)，找出問題的真正根源，從而達到有效解決問題的一種管理方法。

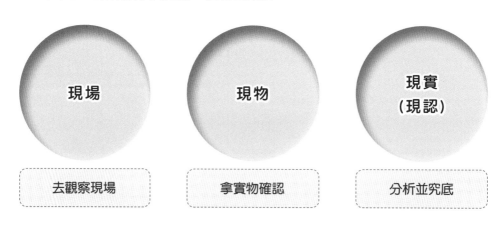

現場	現物	現實 (現認)
去觀察現場	拿實物確認	分析並究底

怎樣才算是一位真正的製造業三現主義幹部呢？這裡有一個很直觀的方法，那就是根據每位幹部每天的步行數來判定

3,000步以下	3,000~7,000步	7,000步以上
官僚幹部	一般幹部	三現主義幹部

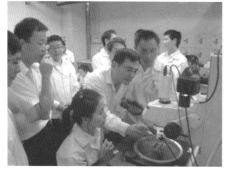

問題的 5 個 why		對策
拍照時不能按下		
	Why	
因為齒輪斷牙		更換齒輪
	Why	
齒輪原料加入 2 次材		回歸正規材
	Why	
外注廠商偷加入		更換廠商
	Why	
外注某主管下的指示		
	Why	
外注廠商的 CD 活動		廠商 QA 指導活動

台灣 OO 公司為了落實三現主義，設立了一套品質對策相當有效的制度，也獲得了業界的推崇，曾經在 CPC 發表過。

它是一套馬上辦的方法，辦法簡單的說就是在組立生產線或部品加工機械作業，發生不良或異常時，由作業員本人的意思，就可以將生產線停下來，將問題點顯在化 (關係部門都到現場，去進行現物、現認)，而由責任單位迅速解決問題，並採取再發防止的一套制度。

1. 組立警示燈亮並發出異常聲
   (1) 無法按照標準作業組裝　(2) 無部品　(3) 不良發生
   (4) 工具不適合　(5) 趕不上週期時間 cycle time
2. 設定時間後，生產線自動停止
3. 在馬上辦會議上，決定暫定處置
4. 生產線再稼動
5. 3 天內作出恆久對策

　　防錯法日文稱為 POKA-YOKEU，又成愚巧法或防呆法。顧名思義，防錯法就是不管任何人作業，都不會錯誤的構造。

4-6-1　斷根原理

　　將會造成錯誤的原因從根本上排除掉，使 "絕" 不發生錯誤。

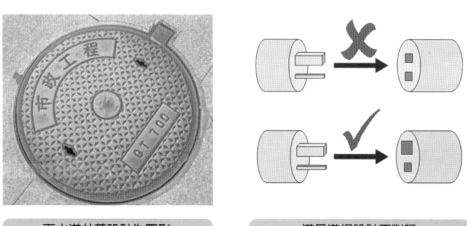

下水道井蓋設計為圓形　　　　　　　模具導桿設計不對稱

4-6-2 保險原理

沖床必須同時執行
2 個共同動作來完成

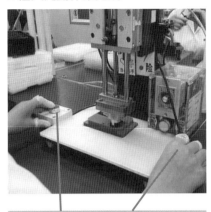

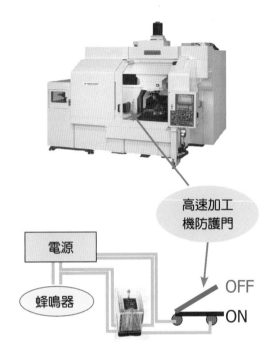

設計一個雙聯串聯式按鈕，
設置於工作台的兩側

高速加工
機防護門

電源

蜂鳴器

OFF

ON

4-6-3 自動原理

　　以各種光學、電學、力學、化學等原理來限制某些動作的執行或不執行，以避免錯誤之發生。

浮力	1. 冷卻水塔浮球自動停止
重量	2. 電梯超載不動作
光線	3. 自動門
時間	4. 時間繼電器、相機自拍、鬧鐘
方向	5. 商場單向欄柵
電流量	6. 保險絲、漏電開關
溫度	7. 空調、電冰箱
壓力	8. 高壓鍋氣閥

4-6-4 相符原理

藉用檢核是否相符合的動作,來防止出錯。

形狀不同	1. CPU 插腳、顯示器接口
符號指示	2. 廁所標示
數學公式檢核	3. 電腦密碼
聲音方式檢核	4. 有聲輸入鍵盤
發音方式檢核	5. 倒車、手機來電
數量方式檢核	6. 泡殼、盤點定數放置

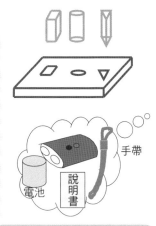

備料 100 套,不能有殘數

4-6-5 順序原理

避免工作之順序或流程前後倒置,可依編號順序排列,可以減少或避免錯誤的發生。

方向	1. 隧道治具、高速公路立交橋
編號	2. 文件夾的編號、作業流程的順序
斜線	3. 放錯了地方,可以馬上發現

UV 照射工程隧道防錯治具

PLC　　　　　蜂鳴器 & LED

利用警告原理、順序原理

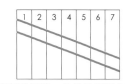

檔案畫斜線,放錯位置馬上知道

4-6-6　隔離原理

　　藉分隔不同區域的方式，來達到保護某些地區，使其不能造成危險或錯誤的現象發生。

不良放置區設立

不同機種放置區設立、標示

大空間冷氣隔離

最高庫存隔離

監獄、SARS 防制

水電費降低 _ 隔離策略

FQC空間隔離

電測　空間隔離

4-6-7　複製原理

　　同一件工作，如需做 2 次以上，最好採用複製方式，省時又不出錯。

複寫(印)	1. 公司現行之各類帳票
透視窗	2. 透視窗信封
拓印	3. 印章、捺印
口誦	4. 邊珠算、邊讀口訣
複誦	5. 外觀檢查員必須能複誦各檢查項目

日本地鐵司機開車經過紅綠燈時，喊 "go"
工地開工時，喊 "安全！安全！安全！"

4-6-8 層別原理

為避免將不同之工作做錯,而設法加以區別出來。

以顏色區隔
代表不同的
意義或工作
內容

紅 緊急、危險、不良、重點

黃 機密、警告、注意、工帽

藍 安全、健康、環保、通行

白 新人工帽、一般

以線條粗細
或形狀加以
區別

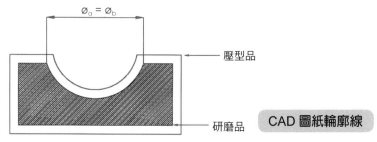

$\varnothing_a = \varnothing_b$

← 壓型品

研磨品

CAD 圖紙輪廓線

4-6-9 警告原理

如有不正常的現象發生,能以聲、光或其他方式顯示出各種"警告"的訊號,以避免錯誤之發生。

1. 按錯鍵、不動作,警鈴響

2. 機械故障,異常指示燈亮,同時警鈴響

3. 治具之 LED 燈、蜂鳴器

4. 卡鐘報警

5. 警車、救護車

6. 瓦斯本是無味的氣體,刻意在其中加上難聞的氣味

4-6-10 緩和原理

作業的過程中用方法使其緩和，以降低或減少因錯誤帶來的損害。

彈簧	1.汽缸減震、電梯底座、汽車減震
材質	2.鐵軌墊木、雞蛋隔層板、氣泡紙、海綿
緩衝機構	3.汽車保險桿

雞蛋隔層

汽車保險桿

鐵軌墊木

4-7 定點取放

4-7-1 動作經濟原則的侷限

動作經濟原則大家都很熟悉，可是有它的侷限存在，例如：左下圖的移動距離可以短縮，平放部品可以斜放，但是上面部品的取放距離是下面部品的 3 倍。

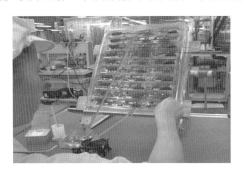 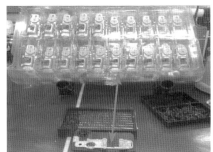

右上圖也是表面看來都符合動作經濟原則，但是在作業前，必須翻轉調整方向、對準位置，不但增加動作，而且增加耗費精神。

4-7-2 定點取放的目的

定點取放的目的就是動作經濟原則的發展和延伸，讓作業每次都在同一點取、同一點放、同一個方向，養成習慣後閉著眼睛就知道如何拿取，不用思考、判斷、尋找，讓作業效率 up。

固定的點取放　　　　　　　固定的方向取放

4-7-3 定點取放的實例

①串燒式

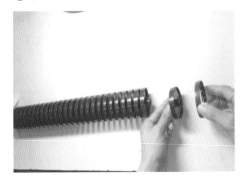

②導桿式

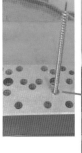

成形直接放入

組立定點取放

③滑槽式 (重力利用)

④小皮帶輸送至定位

⑤塗油筆吊起來定位

改善前平放　　　　　　　　　　　　改善後垂吊起來

⑥築巢建窩式

4-8 消滅庫存的 7 大利器

JIT 制度是降底庫存在目前世界公認最好的方法，很多企業都在模仿，但是模仿成功者有限，因為它必須整個配套措施都能夠到達一定的水準，才能夠完全實現，所以得花相當長的時間去推行基礎建設，不是一蹴可及的。所以筆者提出實踐多年且短時間能獲得大效果的削減庫存 7 大利器給讀者運用。

1. 小批量多批次流動
2. 減少固定庫存
3. 減少無形庫存
4. 增加無形庫存的彈性
5. 構建通暢資訊流，防止自責之呆滯料。
6. 做好打切管理，減少打切剩餘。
7. 共用部品倉庫 (VMI)

4-8-1 小批量多批次流動

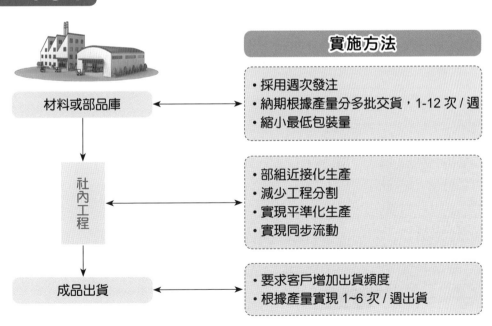

實施方法

材料或部品庫
- 採用週次發注
- 納期根據產量分多批交貨，1-12 次 / 週
- 縮小最低包裝量

社內工程
- 部組近接化生產
- 減少工程分割
- 實現平準化生產
- 實現同步流動

成品出貨
- 要求客戶增加出貨頻度
- 根據產量實現 1~6 次 / 週出貨

4-8-2 減少固定庫存

① 取消安全庫存 (store)，只設立必要作業之前置期，例如：從香港進口時間、開箱時間、檢查時間後，直接上冰箱。

② 控制工程庫存，採用計畫發料，強制生產部門即時處理不良品

③ 減少物流環節之無附加價值工作，以縮短物流時間，例如：實施免檢－受入檢免檢，工程無檢。

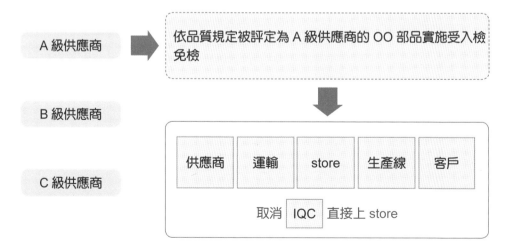

實施方法：

① 縮短部品調達前置時間：部品調達前置時間越短，待納入部品殘數就越少，即無形庫存就越少，未來庫存增高的風險就越小。

　➢ 縮短購買前置時間 L1

　　深入了解供應商生產流程，前置時間檢討減縮。

② 對客戶貿易談判時，爭取對減少庫存有利的出貨條件，減少成品之無形庫存。

- 出貨頻度跨距短縮
- 到客戶旁設廠

③ 採用近距離之供應商或就近培育廠商對於縮短前置時間，多批次少量納入較有利。

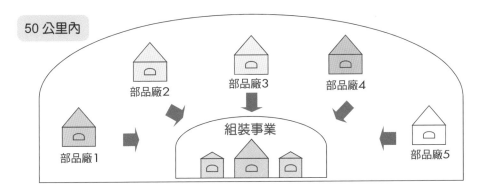

4-8-4 增加無形庫存的彈性

實施方法：

① 對無法再縮短的購買前置時間採用分解法，實施確定＋內示＋情報的發注方法，讓供應商有足夠時間備料，又可以根據客戶訂單隨時調整實際購入數量和交貨時間，避免減產帶來的過度採購。

N 月	N+1 月	N+2 月	N+3 月	N+4 月
	確定	確定	內示 ±25%	情報

▲ 25 日

	N+1 月	N+2 月	N+3 月	N+4 月	N+5 月
1 個月後		確定	確定	內示 ±25%	情報

▲ 25 日

> 確定和內示必須負責任

② 對部組品，採用分解成部品 / 材料，再根據部品材料之購買前置時間分別授權，減少承擔的風險金額。

某供應商本來需要的 Lead Time 80 天，責任金額 100 元

A 材料 LT=80 天，責任金額 20 元

B 材料 LT=60 天，責任金額 40 元

C 材料 LT=40 天，責任金額 30 元

D 材料 LT=20 天，責任金額 10 元

風險被分解
加權平均 LT=52 天

① 資訊系統整合

現代的產業須順應全球化、科技化,利用網路串聯多變的供應鏈與世界接軌,連結供應商、客戶資訊公司,可迅速調節庫存,應變市場需求。

② 客戶與供應商的前置時間要互相吻合

與客戶談判時,對於客戶要求之成品交期條件,必須與供應商部品發注的前置時間吻合,以免為了滿足客戶的交期,而堆積了不需要的庫存,造成打切呆料。

客戶訂單條件	N 月	N+1 月	N+2 月	N+3 月	N+4 月
		確定	確定	內示 ±25%	情報

前置時間要互相吻合

部品發注前置時間

90 天

75 天

60 天

45 天

30 天

4-8-6 做好打切管理，減少打切呆料

① 嚴密控制部品的發注

1 週	2 週	3 週

週發注 → 日發注

⬇

1	2	3	4	5	6	7	8	9	10

② 定期盤點 AB 類部品，料帳合一，提供發注依據。

③ 即時監控不良品、例外使用的補料，以保證齊單適量。

4-8-7 共用部品倉庫 (VMI)

概念

（Vendor Managed Inventory）
供應商管理庫存是供應商等上游企業，利用下游客戶的生產計畫和庫存的訊息，對下游客戶的庫存進行管理的一種管理思路。

實施方法

將供應商倉庫與社內部品倉庫合併，由社內提供倉庫讓供應商使用，當社內從倉庫引取材料或部品時，方視為社內納入，如此雙方庫存大幅降低，此倉庫由供應商管理。

就好像汽車加了油之後，
才付帳的概念。

VMI 方式

供應商廠區

供應商

A公司廠區

供應商倉庫

A公司生產

　　在 A 公司廠區設立供應商倉庫，當 A 公司領用之後，才算出貨給 A 公司，因此雙方庫存大幅降低，共同謹慎負擔經營風險，結成共同利益體。

結論：寧可增加交貨次數，也不要多買或多做

年度	N	N+1	N+2
營業額			
庫存金額			
運費金額			
呆料報廢金額			
庫存額 / 營業額	( )	( )	( )
庫存額 / 運費	( )	( )	( )
呆料額 / 營業額	( )	( )	( )

例如：請統計表 ( ) 的數據，就會發現驚人的數字 (OO 企業庫存額和運費比居然 200:1)。

寧可增加交貨次數和運費，也不要那麼多安全庫存。

4-9 事務革新

作為經營革新的一環，不是只有現場部門的生產革新，在間接部門也要推行事務革新，一面提高對現場服務的附加價值，一面要降低間接部門的成本。

① 認識	全社活動的目的
② 意識	自己工作的重要性
③ 發起	全社全體成本削減活動

4-9-1 事務革新的領域

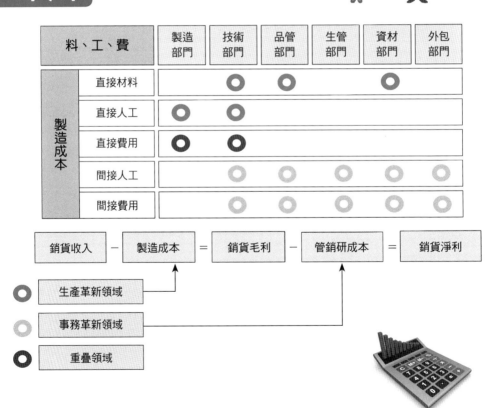

料、工、費		製造部門	技術部門	品管部門	生管部門	資材部門	外包部門
製造成本	直接材料		◉	◉		◉	
	直接人工	◉	◉				
	直接費用	◉	◉				
	間接人工		◯	◯	◯	◯	◯
	間接費用		◯	◯	◯	◯	◯

銷貨收入 － 製造成本 ＝ 銷貨毛利 － 管銷研成本 ＝ 銷貨淨利

- ◉ 生產革新領域
- ◯ 事務革新領域
- ◉ 重疊領域

間接單位成本構成

薪資		
伙食	60%	人事費
保險		
津貼		
旅費	20%	費用
運費		
折舊		
攤提	20%	資源
水電瓦斯		

人事費用占最大比

人員活化

間接單位定義：無標工人員

技術、生管、品管、資材、採購、人資、財務、總務……均屬之。

4-9-2 事務革新重點目標

通常事務革新的重點目標可以區分成 4 個面向：

	項目	內容	目標
人	多能工比例	事務性工作	能單一窗口
		技術性工作	問題解決速度
	間接人員比例	間接人員 / 全社人員	業界標準 15% 以下
	人均產值	營業額 / 間接人員	趨勢向上成長
時間	新製品量產起步時間	直行率達到目標	所花時間短縮
		生產效率達到目標	所花時間短縮
資源	折舊攤提比例	間接單位固定資產和使用面積	下降趨勢
	庫存周轉天數	間接單位，倉庫為標的	下降 30%/ 年為目標
	節能減廢	營業額 / 用電量 (度數或金額)	下降趨勢
品質	內部失敗成本	運輸成本、打切成本、重工成本、海外損品………	下降目標 30%/ 年

4-9-3 事務革新進攻的思維

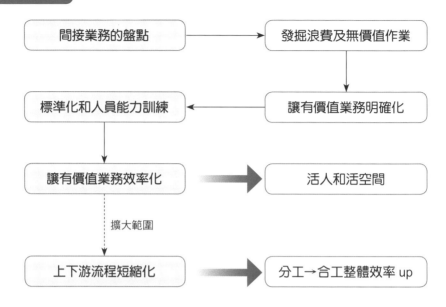

基本思維：盤點所有間接人員的業務內容和工作時間，發掘時間的浪費和無附加價值的作業，然後去除無附加價值的作業，讓有價值的作業明確和標準化，加上對間接人員工作能力的提升訓練（例如：多能化、打字、文書處理、走路速度……等等基本能力），最後讓有價值的業務效率化，就可以進行活人和活空間。

第 2 階段，進行上、下游流程的盤點，發現有無重複作業、有無銜接良好、本部門提供的資料，下游如何運用………等等，從中發掘浪費，改善浪費，必要時從上、下分工的體制，改成上下游合併成一個工作團隊的合工體制，大幅降低部門間的審核與監督，整體效率 up。

4-9-4 事務革新基本的架構

如右頁圖示事務革新從基礎活動開始，推動 6S 是一切改善的根本，推動士氣訓練告訴我們，人的行為要一致有多困難，但透過士氣訓練，可以步伐一致。還有人的潛力到底在哪裡？透過士氣訓練可以激發出人的潛能。

接下來利用個人業務分析表和職務分攤記錄表發掘出浪費。

再來用 6 個改善技法，進行改善。

然後達到效能化、人員活化，最終達到提高企業利潤的目的。

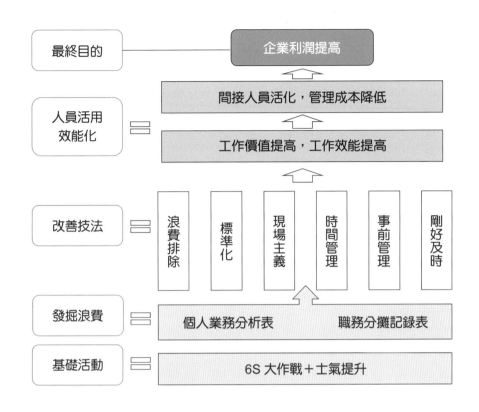

| 最終目的 | 企業利潤提高 |

| 人員活用
效能化 | 間接人員活化，管理成本降低 |
| | 工作價值提高，工作效能提高 |

| 改善技法 | 浪費排除 | 標準化 | 現場主義 | 時間管理 | 事前管理 | 剛好及時 |

| 發掘浪費 | 個人業務分析表　　職務分攤記錄表 |

| 基礎活動 | 6S 大作戰＋士氣提升 |

4-9-5　事務革新的推進方法

透過事務革新研修，一面學習技能，一面排除浪費，一面實行改善，一面增加工作價值，最後達到人員活化，增加企業利潤的目的。

一期 3 個月 /5 回合 / 每回合 2 日 / 參加人數 10~20 人

①事務革新活動課程
②目標宣言項目
③間接部門巡迴重點

① 事務革新活動課程

座學課程可彈性調整

時段	時長(分)	1回	2回	3回	4回	最終回
8:00~8:50	50	土氣訓練	土氣訓練	土氣訓練	土氣訓練	土氣訓練
9:00~9:30	30	開訓儀式	發表練習	發表練習	發表練習	發表練習
9:30~10:00	30	指導員學員介紹、生產革新活動計畫說明	1回總結	2回總結	3回總結	4回總結
10:00~12:00	120	座學 事務革新概念／座學 浪費排除	座學 6S管理／座學 個人業務分析法	座學 時間管理／座學 個人作業盤點法	座學 看板的功能／座學 KJ法	發表準備／總合發表
13:00~15:00	120	職場巡迴	現場改善	現場改善	現場改善	個人發表
15:00~16:00	60	目標宣言	發表練習	發表練習	發表練習	個人發表
16:00~16:30	30	1回小結	2回小結	3回小結	4回小結	頒獎
16:30~17:00	30	R&Q	R&Q	R&Q	R&Q	結業式

②目標宣言項目

主要指標(必要)	
1. 事業部總人數：	人
2. 總間接人員：	人
3. 革新前間接比	%
4. 總活人數	人
5. 活人率	%
6. 革新後間接比	%

次要指標(可選擇)
1. 6S
2. 管理板
3. 站立作業
4. 培訓
5. 傳票
6. 費用削減
7. 打切損失削減
8. 其他改善指標

③間接部門巡迴重點

評價指標	內　容	現況	2月	3月	4月	5月	6月
6S	整理：要 / 不要						
	整頓：物有定位						
	清掃：定時清掃						
	清潔：維持清潔						
	安全對策執行狀況						
看板	納入看板管理人數						
	占間接人員比例						
	有沒有標工						
站立作業	電腦集中化部門數						
	電腦集中化人數占比						
	站立作業人數						
培訓	事務員接受盲打訓練人數						
	盲打訓練人數占比						
	事務效率提升率						
	其他培訓事項						

- 巡迴時，學員以此評價指標，主動向主事者報告重點與進度。
- 成果發表時，持續以此表追蹤改善成效。
- 做多少報多少
- 評價指標內容可配合事業部屬性更改

評價指標	內　　容	現況	2月	3月	4月	5月	6月
書、帳票	事業部內書類、帳票種類						
	書類、帳票削減數						
	書類、帳票削減作法						
費用削減	水電費						
	模具、治工具、輔材						
	辦公桌椅、電腦、文件櫃						
	快遞費						
	其他						
打切損失	緊急會議召開						
	營業高敏度天線						
	庫存削減習慣養成						
	契約書、營業行動準則						

4-9-6 事務革新的主要技法

①認知間接人員的責任
②間接業務浪費的認識
③個人業務分析法
④個人或組別業務盤點法
⑤看板的功能與管理重點
⑥能力訓練

①認知間接人員的責任

　　我們都知道製造現場的直接人工才是增加產品附加價值的地方，製造現場要能夠生產出良好品質的東西出來，企業才能賺錢。所以日本企業才會喊出"決戰在現場，間接人員盡全力支援現場"的口號。

　　間接人員必須認清楚間接人員的責任，這一點認識是很多企業所欠缺的。因此本書特別提起間接人員的責任就是要讓製造現場的工作順暢，讓讀者了解之後，在自己的企業，努力改變間接人員的態度是幸。

間接單位是為了提供直接單位的「服務」而存在：
(1)沒有剛好、即時的服務，沒有存在的必要。
(2)一堆的浪費，沒有存在必要。
(3)只是為了顯示我很專業，沒有存在必要。
(4)管理者不知道管理的重點，沒有存在的必要。
(5)無法防患於未然，沒有存在的必要。
間接單位最好是：
(1)接近現場，拆掉隔間。
(2)廢除辦公室，落實行動辦公室與現場主義。
(3)接受被服務單位的考評，正視自己的問題。

②間接業務浪費的認識

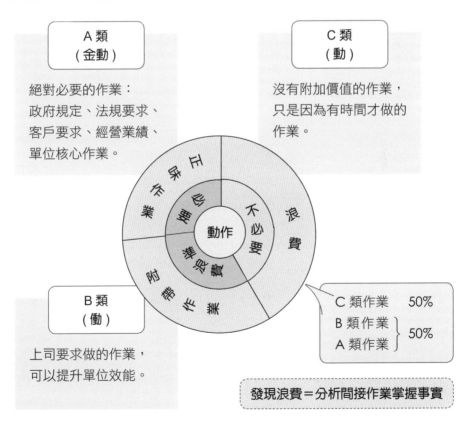

A 類
（金動）

絕對必要的作業：
政府規定、法規要求、
客戶要求、經營業績、
單位核心作業。

C 類
（動）

沒有附加價值的作業，
只是因為有時間才做的
作業。

正味作業　必要　不必要　浪費
動作
附帶作業　浪費準

B 類
（働）

上司要求做的作業，
可以提升單位效能。

C 類作業　　50%
B 類作業　　} 50%
A 類作業　　}

發現浪費＝分析間接作業掌握事實

③個人業務分析法

個人業務分析法就是要掌握事實、發現浪費的一種技法，有下列 4 個步驟：

步驟 1	利用個人業務調查表，詳細記錄 2 週的工作實態
步驟 2	將個人業務調查表整理成個人業務分析表
步驟 3	將作業項目分類成 A、B、C
步驟 4	依 A、B、C 類改善方向進行改善

調查對象是所有間接人員，企業可以自行規定調查的範圍和級別。

步驟1. 個人業務調查表

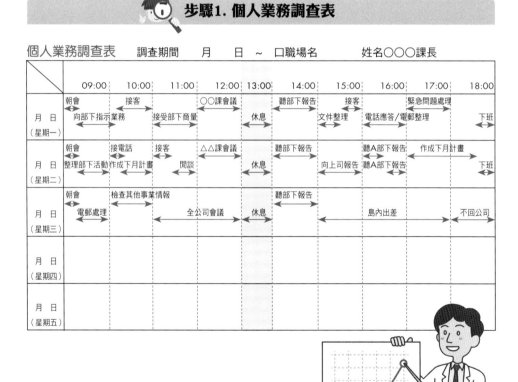

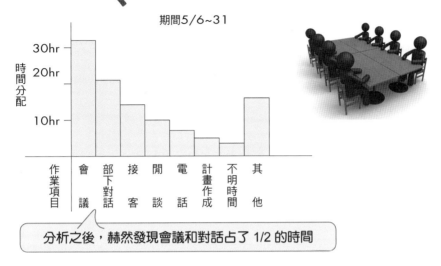

期間5/6~31

時間分配

30hr
20hr
10hr

作業項目

會議　部下對話　接客　閒談　電話　計畫作成　不明時間　其他

分析之後，赫然發現會議和對話占了 1/2 的時間

將所有作業項目區分成 A、B、C 類。

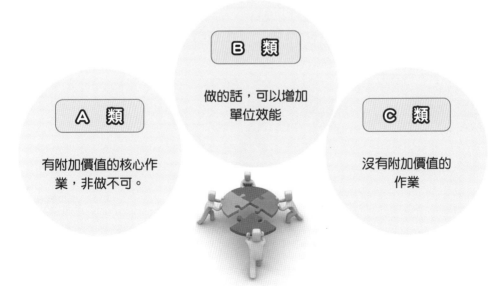

B 類

做的話，可以增加
單位效能

A 類

有附加價值的核心作
業，非做不可。

C 類

沒有附加價值的
作業

（區分的判定準則可由各事業部制訂統一的判定基準）。

步驟4. A、B、C作業項目的改善方向

分類	作業項目	改善方向
A	單位核心作業	高附加價值→效率提升
B	電話	模式定型化→溝通重點→標準化→效率提升→活人
	E-MAIL	
	談話	
	會議	
C	資料登記 (過帳)	←廢止 (只是為了撇清責任)
	資料作成與整理	←資料發行單位直接出需求單位的格式
	加班	←廢止或減少
	等待	←廢止
	COPY	←發行單位留存，其他單位只提供一頁報告
	文件審核	←責任下放、Check List 作成
	出差	←減少
	雜事	←廢止
	不明時間	←廢止
	其他	←減少

個人業務分析表實例——○○主任

NO.	作業內容	對象部門	分類	改善戰術	改善內容	效果
1	新人教育訓練組織架構及年度計畫作成	人資	A類 36%	標準化	統一制式表格	省100分
2	專業教育訓練組織架構及年度繪畫作成	人資			統一表格	省50分
3	課內組織架構業務職能區分	公司/事業部運作模式			站立會議	30分/次
4	自主改善報告會	事業部管理運作			現場白板利用	指示100%
5	對下屬重點工作進行連絡指示	課內			TWI-JI	1天內品質OK
6	課內專業教育訓練	事業部管理運作			指定模式和站立會議	100分之內完成
7	每週品質分科會	事業部管理運作			站立會議	
8	重大異常TSS會議	事業部管理運作			即時和月一次定時	減少作業失誤
9	作業標準作成	課內				
10	每日經費支出實績確認	事業部管理運作	B類 40%	效能化	與月報合併	
11	每日生產品質實績展開	事業部管理運作			在現場站立會議	
12	每月經費總結看板表格	事業部管理運作			日報、月報合併	一齊 key in
13	每月切斷取材率看板表格	事業部管理運作				
14	每月產量總結看板表格	事業部管理運作			月2次(上月27日、當月10日)	
15	產銷協調協會	事業部管理運作			在現場30分之內	
16	月會(事業部&課內)	事業部管理運作			在現場10分之內	
17	上司臨時連絡說明會	長官指示			維持	
18	前工程之工程支援	課內			維持	
19	前工程之工程巡迴	課內	C類 24%	廢止	由事業部擔當接手	活人24%
20	物品請購&委託簽核	課內			合併到11項	
21	每月毛胚取材率統計計算	課內			合併到11項	
22	資料過帳	課內			廢止	
23	前工程日報表檢印	課內			廢止	
24	日報表確認審核	課內			合併到11項	
25	點檢表類確認	課內				

④個人或組別業務盤點法

事業部門＿＿＿　課別＿＿＿　組別＿＿＿　人數＿＿＿

業務盤點記錄表

工作項目(中分類)	工作內容(小分類)	工作目的(解決什麼問題)	從何方流來(如何方流來)	參考什麼帳票	在什麼期限前	要完成什麼帳票或資料	作成方式	張數	提供給哪一單位	發生回數 年/月/週/日	1回次平均時間	合計所要時間	折算平均1日所要時間	MEMO

(1) 本表為業務流程的概念，每一個業務，可能由幾個作業項目組合而成。
EX：採購部品：定期以電腦查詢物控建議採購品（電腦）→打電話給供應商（電話）→進電腦採購檔採購單轉請購單（電腦）

(2) 本表由重點職務當填寫。間接職務為分類單位，一個分類單位以組或個人為分類單位，直接單位以重點間接職務為分類單位。惟需完整表達該間接職務作業現況。直接單位提交一份業務盤點記錄表。無法有效區隔的職務，可合併填寫。

(3) 本表有工作負荷量的概念，所有職務折算平均一日所要時間「業務折算平均1日所要時間」加總，可對比出該重點職務人數過多或過少！！

個人業務盤點記錄表實例——薄 ○○ 事務局

工作內容(小分類)	工作目的(解決什麼問題)	從何方流來	參考什麼帳票	在什麼期限前	要完成什麼帳票或資料	作成方式	張數	提供給哪一單位	發生回數 年	月	週	日	1回次平均時間(分)	合計所要時間	折算平均1日所要時間(分)	備註
區分業務機能	部門體系向上運行	幹部管理力與技術力	組織運作管理規程	變更前	部門組織表	文字檔	1	人事					200	1,000	3.92	不定時
業績管理・體質進化	明確部門運行方向	公司運作模式	經營方針實施規程	年初	部門方針	文字檔	1	組立課	1				960	960	3.75	
建立固定資產合帳，進行月盤點	維護公司財產	財務	固定資產管理規定	每月	固定資產一覽表	計畫表	1	財務					120	1,440	5.65	
經費預算編成	合理控制成本	財務	經費管理	每月	部門經費計畫	計畫表	2	財務		1			520	6,240	24.5	
每月經費核帳	合理控制成本	財務	財務經費報表	次月10號前	經費差異分析表	文字檔	1	財務		1			200	2,400	9.41	
課內經費使用裁決	合理使用經費	採購	採購管理規程	納期前	委託書	文字檔	1	採購		1			50	3,600	14.2	不定時
事業部標準作成審核修正	文件標準化	ISO9000文件化要求	文件管製	實施前	文件管理標準	標準類		文管中心					120	6,000	23.53	不定時
課內標準作成審核修正	文件標準化	組立管理體系	文件管製	實施前	文件規定	標準類		本部門					80	6,000	23.53	不定時
教材編成	人才育成	組立管理體系	文件管製	實施前	人才教育資料	標準類		本部門					2,000	18,000	70.6	不定時
各管理項目設定	文件標準化	組立管理體系	文件管製	實施前	文件管理項目	標準類		本部門					500	6,000	23.53	不定時
合計														51,640	202.51	

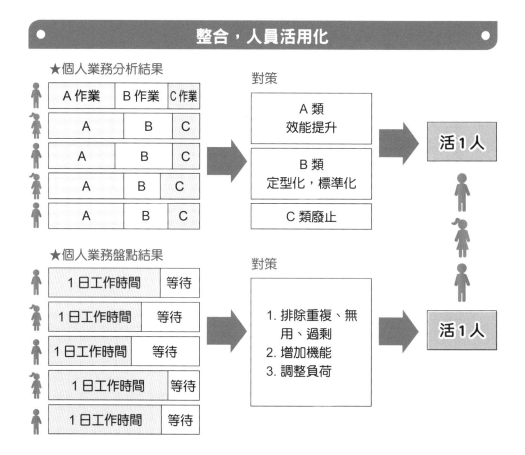

整合，人員活用化

★個人業務分析結果

	A 作業	B 作業	C作業
	A	B	C
	A	B	C
	A	B	C
	A	B	C

對策

A 類
效能提升

B 類
定型化，標準化

C 類廢止

活1人

★個人業務盤點結果

1日工作時間		等待
1日工作時間		等待
1日工作時間		等待
1日工作時間		等待
1日工作時間		等待

對策

1. 排除重複、無用、過剩
2. 增加機能
3. 調整負荷

活1人

⑤看板的功能與管理重點

計畫越是不能明確，越要想辦法使之明確，這是製造業的核心競爭力，透過看板發現的問題，逐一解決問題，是執行力的表現。

現場看板

工程看板

佈告看板

物料、設備、生產進度、品質管理

作業條件/方法，技術標準/指導

績效，激勵，考核，人事

行動指標看板

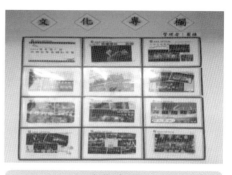

文化專欄

TP 看板

安全看板

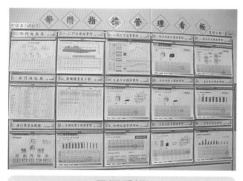

目標看板

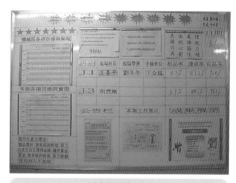

績效看板

（1）品質管理看板

　　品質管理看板的功能是用來能夠早期發現異常，早期對策的機制，下頁左圖的生產線 2hr 品質快速反應體制，就是以 2hr 為一跨度，及時發現問題，及時對策用的看板。

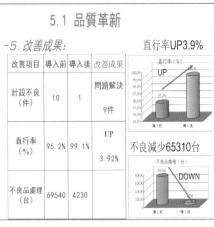

(2) 生產管理看板的功能

ⓐ 看得見，所以大家都要為品質與進度負責。

ⓑ 計畫、實際的差異，可以立即對策，計畫如果永遠等於實績，生產線的主管要重訂計畫，因為目標太容易達成。

ⓒ 後工程可知道前工程的進度，即時調整自身的生產進度，或跟催前工程。

ⓓ 前工程可知道後工程的需求，即時調整自身的生產進度，滿足後工程的需求。

月　日	職場別			
	必要數 (累積)	時間生產數 (累計)	差異	問題點
8：00～9：00				
9：00～10：00				
10：00～11：00				
11：00～12：00				
13：00～14：00				
14：00～15：00				
15：00～16：00				
16：00～17：00				
加班				
備註				

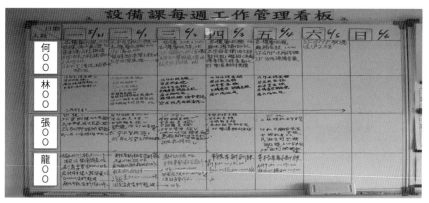

透過培訓使全員技能水準及品質意識得到大幅提升

加工組2014年度下半年技能評定表

作成日期：2014/11/23

NO.	姓名 項目	常規加工	外觀確認	治具修正	編程	刀具參數	量具量儀使用	工作流程掌握	設備保養	配合度	綜合能力
1	黃關生										
2	楊建新										
3	徐張行										
4	向海東										
5	李通										
6	黃華鳴										
7	王俊偉										
8	鄧成玖										
9	劉新吉										
10	張濤										
11	張明										
12	王會有										

加工組2015年度上半年技能評定表

作成日期：2015/4/23

NO.	姓名 項目	常規加工	外觀確認	治具修正	編程	刀具參數	量具量儀使用	工作流程掌握	設備保養	配合度	綜合能力
1	黃關生										
2	楊建新										
3	徐張行										
4	向海東										
5	李通										
6	黃華鳴										
7	王俊偉										
8	鄧成玖										
9	劉新吉										
10	張濤										
11	張明										
12	王會有										

培訓前

培訓後

個人管理看板實例

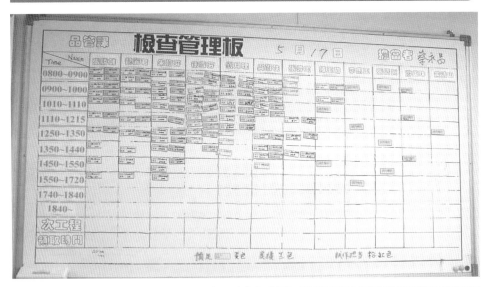

⑥能力訓練

　　間接人員的 4 大能力：表達能力、文書能力、行動力、目視能力，直接影響工作的績效，這是人人得知的事實，所以 4 大能力的訓練是必須的。

人員（部下）能力訓練

寓教於樂

順序：能力鑑定（1）→ 能力差異發掘 → 能力提升計畫 → 能力鑑定（2）

訓練項目	訓練方法	準備項目	備註
表達能力 傳達能力（表達能力）訓練	* A、B、C 三組鑑定 * 全一組鑑定(A+B+C)	* 適當「文句」的準備：6份（2份為備份，每份內含3〜5個數據，採肯定敘述式句型） * 鑑定表（評分表）	* 活動時間預估
文書能力 文書作成能力訓練	* EXCEL 表格作成	* EXCEL 格式樣本（需包含部分字形與格式變化） * PC 準備 * 鑑定表（評分表）	* 活動時間預估
行動力 步行速度訓練	* 15 M 幾秒可以走到（雙腳不能離地）	* 場所決定 * 標準時間設定（1秒1.5M） * 碼錶準備 * 鑑定表（評分表）	* 越接近標工越好 * 活動時間預估
目視能力 目視能力訓練與探索	* 準備一篇文章，找出有幾個「的」字 * 固定時間（找到幾個） * 固定個數（多久找齊）	* 文章兩份 * 碼錶準備 * 鑑定表（評分表）	* 活動時間預估

(1) 表達 (傳達) 能力訓練

試驗原稿

一年一度的台灣科技界的盛會"科技之夜一聯合頒獎典禮"已於 10 月 3 日晚間，在台灣國父紀念館大禮堂隆重舉行。本次主辦大會以"創新突破、價值再造"為主軸，並結合"台灣經濟部產業科技發展獎"、"台灣發明創作獎"、"科技專案研究成果表揚獎"三獎項，隆重表揚在創新研發上有卓越貢獻之企業、團隊及個人。

小英　　　　小華　　　　小君　　　　小燕　　　　小明

一年一度○○○○○○盛會"○○○○○○○夜----聯合○○"已於10○○○○○晚間，在○○○○○○○○○大○○○○○○○舉行。本次主辦大會以○○○○○○○○○"為主軸，並結合"台○○○○部產業○○○○○○○○○展獎"、"台灣發明創作獎"、"科技專案準○○○○○獎"三○○○○○○。

測試條件

小英傳小華時，後面 3 人隔離，以此類推。測試成績，查看小英和小明的文章吻合度。

(2) 文書能力訓練

間接人員打字訓練

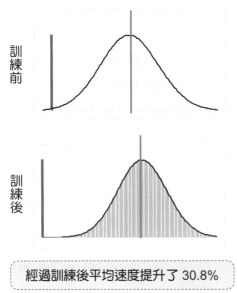

經過訓練後平均速度提升了 30.8%

打字對比

培訓人員	培訓前(單位：個/分鐘)	培訓後(單位：個/分鐘)	UP比率
包杰	39	45	15.4%
劉小芳	34.4	51.2	48.8%
戴曉瑩	32	43.7	36.6%
李許立	22.7	30.5	34.4%
徐芳	26.2	31.6	20.6%
方玉花	20	33	65.0%
周志巍	33.7	37.6	11.6%
宋艷艷	48.7	62	27.3%
魏林林	8	25	212.5%
陳金秀	19	36.2	90.5%
劉婷	56	61	8.9%
蔡琳	36	48.2	33.9%
楊麗	19.6	36.3	85.2%
鄧小雲	35	43	22.9%
馮青華	34	42	23.5%
張輝	35	48	37.1%
李書平	55	60	9.1%
張靜靜	42	51	21.4%
伍紅娟	5.32	6	12.8%
朱小英	8.42	9.53	13.2%
鮮亞鳳	8.73	10.02	14.8%
陳瓊	8.82	10.17	15.3%

(3) 行動力一步行速度測試

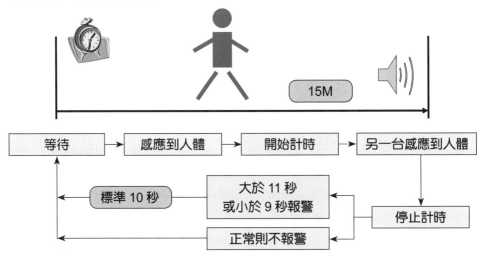

以感應人體紅外線來感應人體，安裝兩個感應頭在相距 15M 的地方，當一個感應頭感應到人體後就開始計時，直到另一個感應頭感應到人體後停止，時間大於 11 秒或少於 9 秒則報警，類似快行軍速度。

(4) 目視能力訓練實例

依靠官能檢查區分良品與不良品的作業人員，會有一種傾向，越抓越嚴格，因為他 (她) 看久了，會越看越清楚，本來看不到的汙點，看的時間久了，就容易看到，還有潛意識裡有不願意自己檢查過的產品，有不良品流出。因此往往造成很多良品的東西被誤判為不良品。所以官能檢查的作業人員要定期的做眼力合致的訓練

官能檢查（外觀）－眼力合致結果表

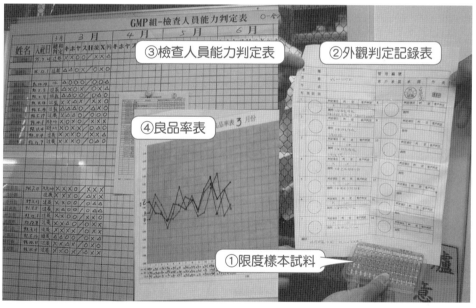

③檢查人員能力判定表

②外觀判定記錄表

④良品率表

①限度樣本試料

Chapter 5

A 光學公司成功案例

A光學公司成功案例(日本TP獎勵賞獲獎企業)

口號：
自立自強實現一個
有魅力的公司

有魅力的公司的定義

| 人人想要進來 |
| 進來之後不想離開 |
| 離開之後會很感念 |

- 良好的
  待遇
  福利
  團隊工作氣氛
- 安心感
- 獲得成長
- 受到尊重
- 擁有好名聲

TOP 的心願　我們必須把公司經營到人人叫好、人人稱讚，才有意義

要實現有魅力的公司

就要創造一個有競爭力的公司

① 它的製品是比任何同業都好的品質，比任何同業都快的交貨期，比任何同業都低的成本。

② 它的夥伴是比任何同業都好的習慣，比任何同業都強的管理能力，比任何同業都好的專業能力。

③ 它的系統是擁有相當活性化的營業、財務、製造、品質、生管、技術、人事、教育等管理系統。

上述狀態的實現就是 A 光學公司的經營課題，其中第 2 項課題，人的培育最為重要，因為常言道：

> 企業者人也，人者心之器。人是企業的財產，人不是成本，所以要創造一個有競爭力的企業，就要努力培育一群有態度和有能力的幹部出來。

企業間的競爭＝人才力的競爭(態度和能力)

態度＝(操守、教養、自驅力、EQ)   能力＝(管理力、專業力、執行力)

因此培育員工的態度和能力是 A 公司推行 TP 管理制度的思想基礎。

命運改變的 5 步曲   思想 ➡ 態度 ➡ 行為 ➡ 習慣 ➡ 命運

所以讓 7 個核心能力逐漸變成習慣之後，該企業必定成功

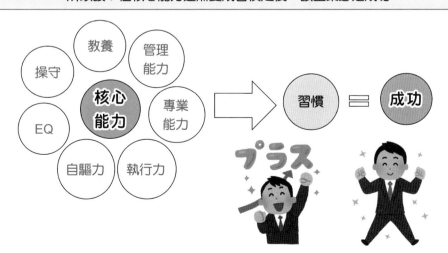

　　A 光學公司創立於 1988 年，經歷了創立初期和體制充實期後，從 1995 年開始著手導入目標管理制度，透過目標管理制度的實行，1996、1997 年 2 年間原價率約有 7% 的降低，是非常大的效果，營業金額、販賣數量、利益金額也大大地突破了過去之水準。

年度	1988-1990	1991-1994	1995-1998	1999~
項目	創立初期	體制充實期	安定成長期	自立期
環境	高溫 高灰塵 高流動率	合宿討論	低流動率	ISO 14000
人才培育 福利制度		資格制度導入 環境津貼 生產獎勵金 國內外研修	經營報告會－課長級 成長報告會－新生代 擴大國內外研修量 社會大學365選讀	生產量 世界 NO.1的 **RP** 工場 Reheat Press
設備強化		擴充冷氣機 連續玻璃素材熔解爐 NO3.4押型機自動化	NO2.熔解爐導入，自家 熔解硝種擴大為19種 NO.6.7押型機導入	
管理體制	經理實績	QC 圈導入 QA 體制導入 看得見的管理 　稼動率 　材料生產性 良品率 改善提案制度導入	成本中心 ISO 9002 目標管理制度導入 第2波電腦化　TP研究	TP 活動 推進

原價率下降 7%

販賣數量、營業金額、營業利益 UP

① 碰到困境

1998 年 5 月以後，市場的低迷、匯率的變動、降價之壓力、短交期之壓力，處在這種嚴苛之環境下，公司的業績開始出現負成長，營業額下降，利潤率、利潤金額都下降了，公司計算 1998 年第 2 季的財務成績，發現從 6 月開始，製造成本原價率又退回到 1997 年度的水準，完全沒有進步。如果景氣繼續低迷，成本不能再下降，公司的前途堪憂了。

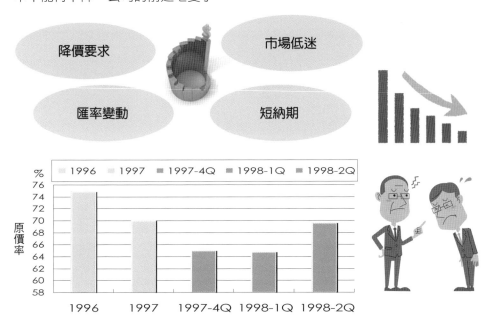

② 導入契機

搭順風車	診斷主題
日本母廠正請 JMAC 指導 TP 管理活動	(1) 台灣 A 光學現行目標管理制度的優缺點診斷
台灣新任社長邀請 JMAC 顧問群對台灣工廠也診斷看看吧！	(2) 測量 Q.C.D 之實態以及改善餘地的調查
	(3) 實施 TP 管理制度導入前的基礎教育

③導入關鍵

由於雙方對問題點有良好的溝通和共識,所以 1999 年開始就正式導入了 TP 管理制度,基本上會導入 TP 管理制度的關鍵點在於認同 JMAC 的總結。

JMAC 說問題點可區分成三種層次:

(1) 復元的問題:不遵守既定標準所引起的問題,

(2) 尋找的問題:以現在的狀態和理想的狀態做比較,應該解決的問題,我們稱為尋找的問題,

(3) 製造的問題:為了戰勝競爭同業和不得不到達的水準做比較而應解決的問題,我們稱之為製造的問題。

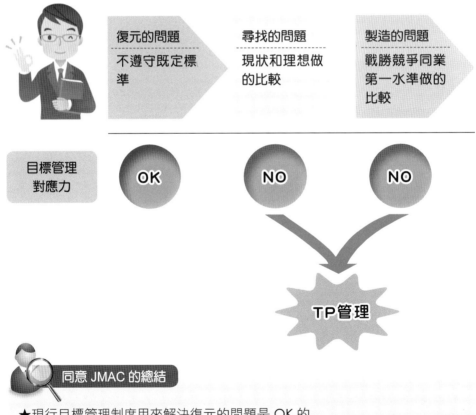

★現行目標管理制度用來解決復元的問題是 OK 的

★但是想要成為有魅力的公司,必須明確知道競爭的水準,全公司動員起來,運用 TP 管理的特色,先製造課題再來解決問題,方能奏效。

5-3　經營的課題

5-3-1　首先調查業界的水準

透過 JMAC 之指導和協助，首先 A 光學公司進行同業間水準的調查，重新確認了公司目前的水準和同業間的狀況。

國家	廠商	成本	品質	抗議件數	納期	產量 (萬 PCS)
台灣	A	100	100	4	30	1,000
	O					
馬來西亞	S					
	O					
大陸	H					
	T					
韓國	O					
	H					
日本	C					
	T					
世界第一 水準	現狀	95	105	?	25	1,000
	2001	80	110	0	21	1,200

今後要成為真正的世界第一的 RP 工場，我們想定 2001 年時，應該是品質上沒有抗議事件，成本要比 98 年之水準降 20%，納期要在 21 日內要交貨，才能稱為世界第一。因此，我們設定了 3 年的總合目標如下頁表所示。

5-3-2 設定 3 年的總合目標

		Q	C	D	產量 PCS
2001 世界第一的水準		客訴件數 0 件	對 98 年↓ 20%	21 日	1,200 萬
總合目標	1999	4 以下	5.2%	30 日	1,000 萬
	2000	3 以下	10%	25 日	1,200 萬
	2001	2 以下	15%	21 日	1,300 萬

5-3-3 設定經營課題

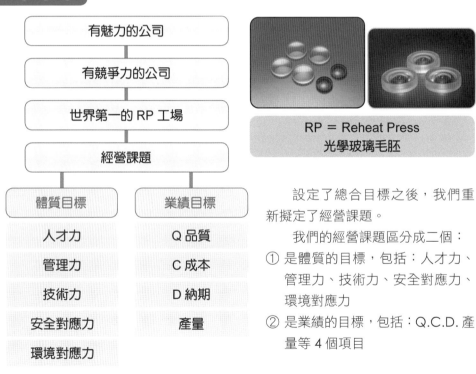

RP = Reheat Press
光學玻璃毛胚

設定了總合目標之後,我們重新擬定了經營課題。

我們的經營課題區分成二個:

① 是體質的目標,包括:人才力、管理力、技術力、安全對應力、環境對應力

② 是業績的目標,包括:Q.C.D. 產量等 4 個項目

開始我們就介紹過了,A 光學公司是重視人的管理,重視人才的培育,我們深信培養出來一群具有良好習慣、良好管理力、良好的專業能力的夥伴,處在一個安全的環境內,加上一套重視過程管理的制度下,遂漸的就可以創造出來比任何同業都好的品質、比任何同業都快的交貨期、比任何同業都低的成本的業績。

5-4 TP 管理活動的特徵和具體的推進方法

TP 管理活動的特徵

　　所謂做對的事情也稱為「對的策略」，從眾多要做的事情當中選擇對的事情來做，則事半功倍，英文稱為 DO THE RIGHT THINGS。

　　把事情做對也稱為「戰術」，將決定要做的事情，用最有效率的方法去達成，設法跑第一名，就是 DO THE THINGS RIGHT。

　　A 光學公司的 TP 管理活動特徵就是把握住上述這二句話……共有 7 個特徵

做對的事情
(DO THE RIGHT THINGS)

5-4-1 正確的目標項目選定

5-4-2 依據必要性設定目標值

5-4-3 充分地展開施策項目

把事情做對
(DO THE THINGS RIGHT)

5-4-4 重視過程與實績的關聯管理

5-4-5 全部的活動都看得見的管理

5-4-6 推進上的體制

5-4-7 設定 TP 管理 10 誡

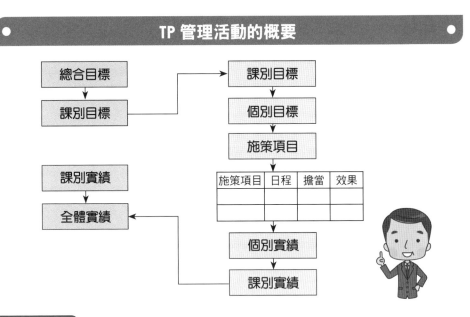

TP 管理活動的概要

5-4-1 正確的目標項目選定

① 業績目標展開

從業績目標展開圖，可以知道 2 次目標展開後的業績目標的項目 (費目別)，涵蓋了全廠成本的 80% 以上，符合 80/20 法則，抓住了關鍵項目。

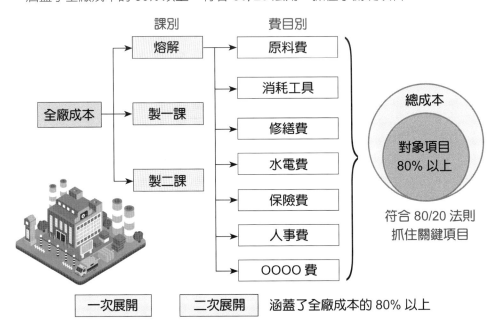

② **體質目標展開**

　　體質目標就是支撐業績目標的基礎力量。

　　我們掌握住了 5 個基礎力量，關於人的方面包括有人才力、管理力、技術力。關於環境方面的包括有環境對應力和安全對應力。這些力量如果提升上來，會直接影響業績目標容易達成。

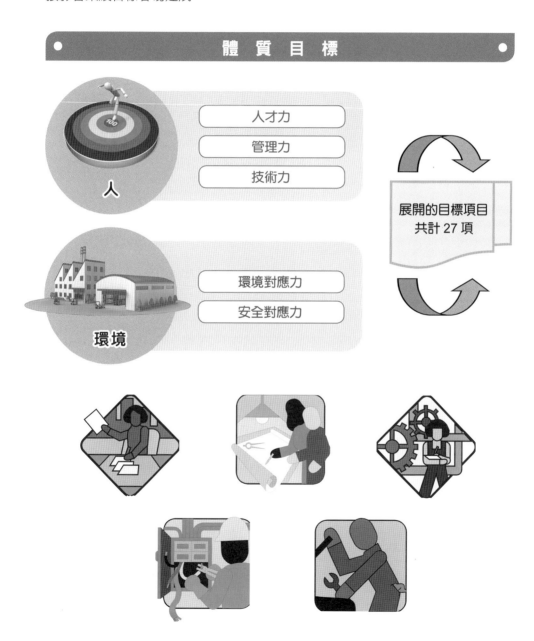

5 個體質目標的基礎力量　再展開為可以管理的 27 個目標項目：

體質目標展開表

體質目標	體質目標細目		計算式	目標值	實績提出者
人才力	資格者數	專員資格數		◎	總務課
		股長以上資格數		◎	
	多能化訓練	2 工程可能者比率	2 工程可能者人數/月末人數	數值	各課長
		3 工程可能者比率	3 工程可能者人數/月末人數	數值	
		5 工程可能者比率	5 工程可能者人數/月末人數	數值	
	一般技能	中級日本語人數	可能人數	數值	
		中級英文人數	可能人數	◎	
		工作上電腦技巧人數	可能人數	數值	
	思想習慣	出勤率		數值	總務課
		遲到件數		數值	
		違反規定件數	被罰績效獎金件數	數值	
	研修	國外研修人次		◎	教委會
		社外授講人次		◎	
		社內授講人次		◎	
		社會大學授講人次		◎	
管理力	計畫力	TP 計畫作成日程遵守率	1- 遲交件數/應交件數	數值	TP 事務局
	實施力	TP 實施大日程遵守率	1- 遲交件數/應交件數	數值	
	點檢力	實施成果集計日程遵守率	1- 遲交件數/應交件數	數值	
	問題解決力	追加施策檢討期間日數		數值	
技術力	新技術導入件數			數值	
	技術課優秀改善件數			數值	
	改善提案 E 賞以上件數			數值	
安全對應力	作業公傷件數			數值	總務課
	交通公傷件數			數值	
	交通非公傷件數			數值	
環境對應力	ISO14001 內稽欠點數			數值	ISO14001 事務局
	ISO14001 外稽欠點數			數值	

◎記號為參考項目，實績記入即可

5-4-2 依據必要性而設定目標值

以成本目標展開為例

目標值設定要同時考慮二個重點：第一要鏈結中期目標，第二要事前預測環境的變化。

以成本目標展開當做例子的時候，基本流程是由營業部門提出年度及月別的銷貨收入預測，接著由管理 (財務) 部門提出現行成本預測，然後依預算利益預測預算成本，進一步將匯率、市場、環境等變化，可能發生的風險估算進去，當作 TP 的目標成本，TP 目標成本與現行水準的成本差距，就是 A 光學公司的 TP 之 CD (Cost Down) 目標，同時也要確認與中期目標之吻合性。設定好全體 CD 目標之後，下一步就是設定課別目標和個別目標。

● Q、C、D 世界第一達成的計畫＝各年度總合目標 ●

		Q	C	D	產量(萬 PCS)
2001年世界第1水準		抗議件數 0件	比1998年 DOWN 20%	21日	1,200
達成目標	1999年	4件以下	比1998年 DOWN 5.2%	30日	1,000
	2000年	2件以下	比1998年 DOWN 10%	25日	1,200
	2001年	0件	比1998年 DOWN 20%	21日	1,300

業績目標	銷貨收入預測	現行成本預測	預算利益 預算成本預測	風險 TP目標成本	TP CD 金額 年度總合目標	設定課別目標
						↓
						設定目標項目別的目標值
擔當	營業課	管理課	管理課	TP事務局		TP事務局 ＋ 各課

5-4-3 充分地展開施策項目

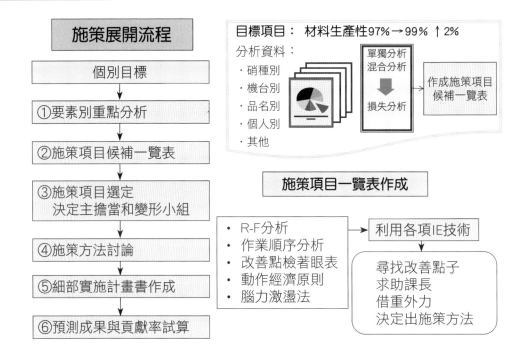

為了充分展開對的施策項目，有 6 個步驟：

第 1 個步驟：針對每個個別目標進行要素別的重點分析，為了能夠從較寬的視野來抽出施策項目、防止遺珠之憾或防止避重就輕，俗稱挑軟柿子吃，重點分析也就是損失分析，舉例說明：例如目標項目 為材料生產性 97 → 99%，↑ 2%，我們可以就硝種別、機台別、品名別、班別、個人別、去做單獨分析或做某機台的硝種別或某機台的品名別等等之混合分析。

第 2 步驟：從這些分析圖或分析表中挑出損失較大的要素，大概就是施策項目的重點了，先將它們記到施策項目候補一覽表內。

第 3 步驟：施策項目的選定是利用實行會議進行，以效果大小、容易性、花費金額、時間等 4 個評價基準選定之，決定出施策項目一覽表並決定變形小組。

第 4 步驟：對策方法的檢討是一項非常重要的工作，通常擔當者會採用 R-F 分析、作業順序分析表、改善點檢著眼表、動作經濟原則、腦力激盪術等 IE 手法去尋找改善之方法，如果擔當者找不到好方法，會求助於課長，課長如果仍有困難時，會召開臨時實行委員會，借重外力來幫助出點子。

第 5 步驟：有了改善點子後，就要付諸於行動，方能奏效，所以要作成細部實施計畫書兼進度管理表。

第 6 步驟：預期成果與貢獻率試算，施策項目效果的試算和合計，如果不能滿足該個別目標的目標值時，要追加施策項目才可以。

★施策展開飽和度 100%

與目標管理最大的不同就是徹底的事前管理，一年之計在於去年底，新年度的施策項目在年底都找出來了，從下表的比較可以知道，過去的管理是年底設定新年度目標，進入新的年度才開始陸陸續續的施策展開，因此第 2 季才開始獲得成果。

TP 管理則不然，目標展開和施策展開同步進行，且在年底已經找到 100% 以上的施策項目了，施策展開飽和度接近 100%，進入新的年度第 1 個月就開始獲得成果，所以年度的成果金額是過去的 2 倍。

月		10	11	12	1	2	3	4	5	6	7	8	9	10	11	12
TP 管理	目標展開				實施成果獲得											
	施策展開															
														N + 1 年目標展開		
														N + 1 年施策展開		
以前的管理		目標展開			施策展開			實施成果獲得								

★施策展開飽和度 100%

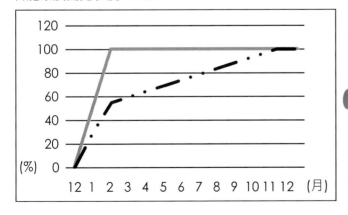

年初目標宣誓

5-4-4 重視過程與實績的關聯管理

有了改善點子後，就要付諸於行動，方能奏效。所以 A 光學公司設有一張實行細部計畫兼進度管理表，內容包括：

① 實績計算公式：讓任何人都會計算，任何人計算時，答案都一樣

② 年 CD 目標金額

③ 當月目標金額、當月實績金額

④ 累計目標金額、累計實績金額並利用累計實績和累計目標金額做比較來確認，效果是超前或落後

⑤ 表格的左半部是記載改善方法的內容或計畫的過程

⑥ 表格的中間則是日程的管理。

用⑤、⑥二個項目來管理工作內容之進度是超前或是落後

			部級主管		課級主管		立案	

個別施策項目實行細部計畫兼進度管理表

登錄NO.:___ 所屬直接項目：_____ ①實績計算公式 _____

施策項目	預估投金	實際投金	98年實績	99年目標	②CD值	責任者	協力者	解決期間
								～

⑤預定改善內容 or計畫過程	月程	主擔當	1月	2月	3月	4月	5月	6月	7月	8月	9月	10月	11月	12月	年間合計
					⑥日程管理										
施策成果 基點：BM98年平均	使用計畫(PCS.KG.%.時間)														
	使用實績(PCS.KG.%.時間)														
	③CD計畫NT$														
	CD實績 NT$														
	④累計CD計畫NT$														
	累計CD實績 NT$														
進度確認															

□ 預定　■實施　＜ 遲延　E 完成

5-4-5 全部的活動都看得見的管理

　　TP 管理制度非常重視整體的關聯性和重視過程的管理，因為它不但希望做對事情，更希望把事情做好。基於以上原因，在看得見的管理上，設計出能發揮上述功能的表格。在全體管理看板有 6 個主題：①全體目標展開表；②全體及課別 CD 金額實績表；③全體目標項目 XO 達成狀況表；④預算、TP 目標、實績管理表；⑤ Q-TP 管理項目；⑥ D-TP 管理項目。

①全體目標展開表

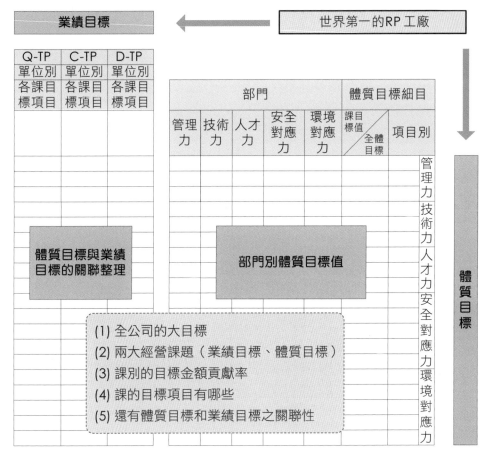

　　其主要目的是讓社長、工場長、課長們所使用，從總合目標展開到課別目標，再展開到個別目標，貢獻率關聯性一目了然，因而各事業部的重點項目就能夠非常清楚。

② 全體及課別 **CD** 金額實績表

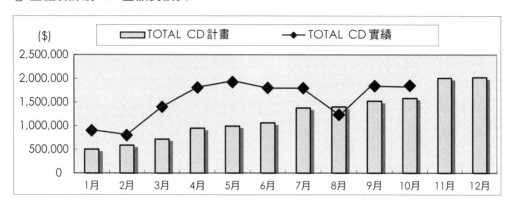

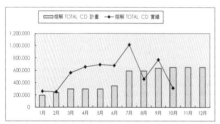

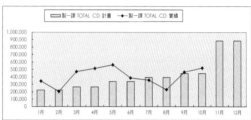

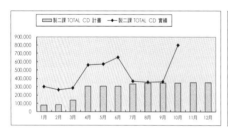

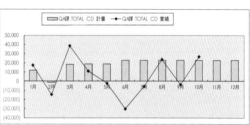

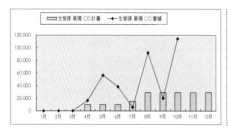

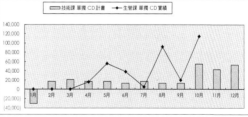

③ 全體目標項目 XO 達成狀況表

目標項目	達成狀況	1 月	2 月	3 月	10 月	11 月	12 月
Q-TP 達成率	○	2	3	2	3		
	×	2	1	2	1		
		50%	75%	50%	75%		
C-TP 達成率	○	49	43	46	47		
	×	8	12	10	11		
		86%	78%	82%	81%		
D-TP 達成率	○	12	12	9	3		
	×	0	0	3	9		
		100%	100%	75%	25%		
整體 TP 達成率	○	63	58	57	53		
	×	10	13	15	21		
		86%	82%	79%	72%		

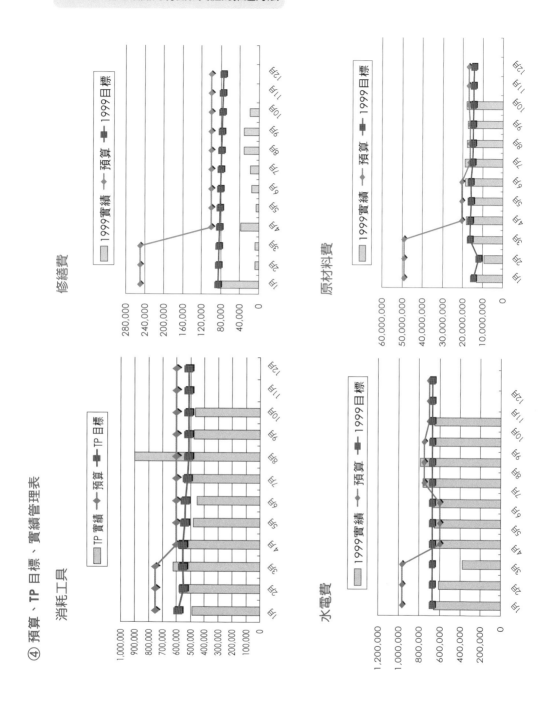

④ 預算、TP 目標、實績管理表

⑤ Q-TP 管理項目

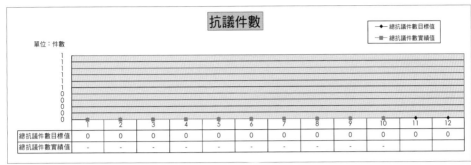

	1	2	3	4	5	6	7	8	9	10	11	12
總抗議件數目標值	0	0	0	0	0	0	0	0	0	0	0	0
總抗議件數實績值	-	-	-	-	-	-	-	-	-	-	-	-

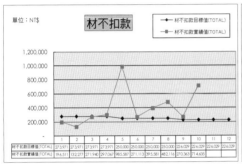

	1	2	3	4	5	6	7	8	9	10	11	12
材不扣款目標值(TOTAL)	273,971	273,971	273,971	273,971	250,000	250,000	250,000	250,000	226,029	226,029	226,029	226,029
材不扣款實績值(TOTAL)	196,511	132,277	271,940	297,067	985,587	271,113	395,581	482,116	270,363	714,635		

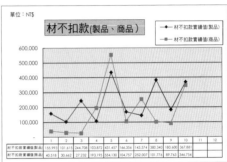

	1	2	3	4	5	6	7	8	9	10	11	12
材不扣款實績值(製品)	155,993	101,615	244,708	103,872	431,457	166,356	143,574	380,340	180,600	367,881		
材不扣款實績值(商品)	40,518	30,662	27,232	193,195	554,130	104,757	252,007	101,776	89,763	346,754		

⑥ D-TP 管理項目

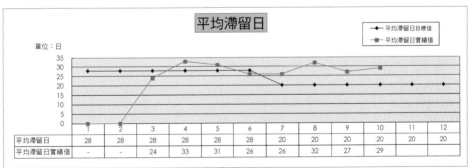

	1	2	3	4	5	6	7	8	9	10	11	12
平均滯留日	28	28	28	28	28	28	20	20	20	20	20	20
平均滯留日實績值	-	-	24	33	31	26	26	32	27	29		

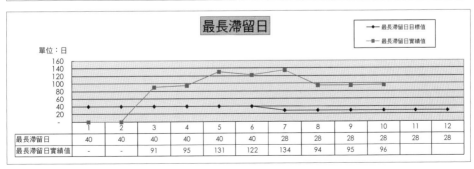

	1	2	3	4	5	6	7	8	9	10	11	12
最長滯留日	40	40	40	40	40	40	28	28	28	28	28	28
最長滯留日實績值	-	-	91	95	131	122	134	94	95	96		

在課別管理表有 5 個主題：①課別目標展開表；②個別施策項目實行細部計畫兼進度管理表；③課別 CD 金額實績管理表；④月間施策進度報告表；⑤未達成原因分析對策報告表。

①課別目標展開表

世界第一的RP工廠

全體目標			
部的目標			
課的目標			
	Q-TP	C-TP	D-TP

體質目標	體質目標27項目	體質目標施策項目	體質目標值	業績目標項目 業績目標值	擔當者	進度管理 1~12月	期末評價	成果管理 1~12月	期末評價
人才力		體質目標施策項目		業績目標及體質施策的關聯整理					
管理力									
技術力									
安全對應力									
環境對應力									

業績目標施策	施策項目	預測年間CD效果	登錄NO.						
Q-TP	業績目標施策項目								
C-TP									
D-TP									

(1)課的所有目標，分成Q、C、D的目標項目和體質目標項目
(2)所有的施策項目
(3)各個施策項目的預估效果和貢獻率，擔當者、登錄NO.
(4)各個施策項目的工作日程進度
(5)各個施策目的CD金額實績進度

②個別施策項目實行細部計畫兼進度管理表

　　個別施策項目實行細部計畫兼進度管理表，就放在課的管理板下的箱子內，誰都可以從這一張表格看到細部的工作計畫和效果的計算公式，和詳細的進度與累計目標金額、累計效果金額。

部級主管	課級主管	立案

____年施策項目實行細部計畫兼進度管理報告

登錄NO.:　　所屬直接項目：　　　　　　　　實績計算公式：

施策項目	預估投金	實際投金	98年實績	99年目標	CD值	責任者	協力者	解決期間

	主擔當　月程	1月	2月	3月	4月	5月	6月	7月	8月	9月	10月	11月	12月	年間合計
預定改善內容 or計畫過程														
基準值 BM98年年平均	使用計畫(PCS.KG.%,時間)													
	使用實績(PCS.KG.%,時間)													
	CD計畫NT$													
	CD實績NT$													
	累計CD計畫NT$													
	累計CD實績NT$													
進度確認														

□ 預定　■實施　＜ 遲延　E 完成

③課別 CD 金額實績管理表

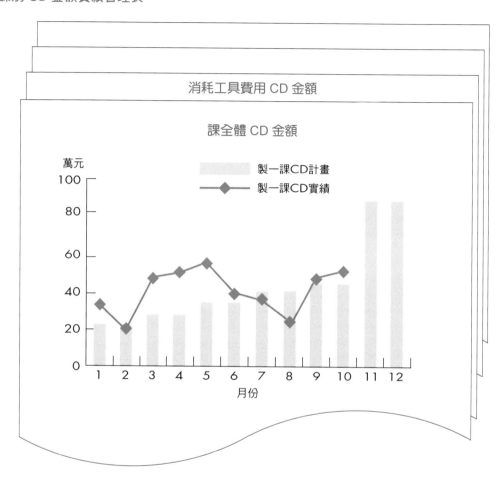

消耗工具費用 CD 金額

課全體 CD 金額

④月間施策進度報告表

內容含 Q、C、D 以及體質目標的施策項目的進度狀況

B-TP 月間施策項目進度報告

Q-TP 月間施策項目進度報告

D-TP 月間施策項目進度報告

C-TP 月間施策項目進度報告　　　　　　　　課級主管

目標項目	施策項目	管理NO.	當月預定工作	當月實施工作	當月目標	當月實績	累計目標	累計實績	評價

合計		

預定□	實施■	完成E	遲延<	遵守率

製二課　2001 年 C-TP 6 月間施策項目進度告表

直接目標項目	施策項目	登錄 NO.	當月預定工作內容	當月已實施工作內容	當月目標 NT$ or狀態指標	當月實績 NT$ or狀態指標	累計目標 NT$ or狀態指標	累計實績 NT$ or狀態指標	累計進度	課級主管
	4號爐人機效率向上	舊項目 P-C215								
	4號爐預防撞車警報系統建立	P-C219	零件部品發注購入安裝測試	已實施零件部品發注購入安裝測試	69,300	103,661	411,180	433,397		
	5號爐人機效率向上	舊項目 P-C220								
	5號爐換部分模具時間降低	P-C222-1	新品名由鄭○○負責加工	已實施新品名由鄭○○負責加工	291,060	299,993	1,538,460	1,984,680		
	6號爐人機效率向上	舊項目 P-C223								
	6號爐換部分模具時間降低	P-C224-1	新品名由鄭○○負責加工	已實施新品名由鄭○○負責加工	267,960	364,213	1,598,520	1,492,920		
4.車床效率向上 (參考項目)	舊品模具保修效率向上	P-C401	用CNC車R以減少人工工時的消耗	已實施用CNC車R以減少人工工時的消耗	21,368	61,318	118,920	271,287		
	新品模具製作效率向上	P-C402	接到新圖面先確定有無相同尺寸之模具，可共用使用之	已實施接到新圖面先確定有無相同尺寸之模具，可共用使用之	3,819	27,264	20,786	162,434		
				合計	1,784,026	1,803,325	10,303,310	10,619,184		

預定□	實施■	完成E	遲延＜	日程遵守率%
29個	29個	0個	0個	100.0%

⑤未達成原因分析對策報告表

品名	生產量	損耗	小計	整體損耗%
OL180002A	314.40	39.20	353.6	0.15%
MK2613	901.40	16.50	917.9	0.06%
OL180001A	455.20	6.80	462.0	0.03%
10-2442-1204-05	885.80	6.30	892.1	0.02%
YN2-0861A	201.60	5.90	207.5	0.02%
MK2617-1	221.00	5.70	226.7	0.02%
JVC-4442	125.60	5.60	131.2	0.02%
HP70A	470.80	5.50	476.3	0.02%
AH-G10	32.80	4.60	37.4	0.02%
10-0368-01	172.10	4.40	176.5	0.02%
總計	26,465.10	260.60	26,726.7	

月間施策項目進度報告表和目標未達成原因分析對策報告表這二項資料，除了貼在管理表之外，同時也是TP管理檢討會使用的報告資料。

原因分析：

品名	不良現象	造成主因	對策	期限	擔當	確認
OL180002A	裂紋	形狀易缺口	1. 申請計倒角。效果確認1/21圖訂後生產。良品率96.73%OK	2／末	李C	施K
MK2613	破裂	1. 左右移緩衝汽缸故障，左承受不順造成。2. 輸送帶太快150	1.00／1/24 左右移緩衝汽缸已修復，左承受已加高。2. 輸送帶改100。效果確認1/25生產，良品率98.1%OK	2／末	李C	施K
OL180001A	失透破裂	1. 承受皿不乾。2. 左右移緩衝汽缸故障，左承受不順。3. 輸送帶太快120	1. 新承受皿不撖玻玻璃粒，左右移緩衝汽缸已修復。左承受已加高。3. 輸送帶改100。效果確認2/1生產，良品率99.6%OK	2／末	李C	施K

229

5-4-6 推進上的體制

為了讓 TP 管理活動推進順利，在推進體制上下了工夫，也就是設了 8 個會議體，讓 TP 管理完全順利運轉與定著。

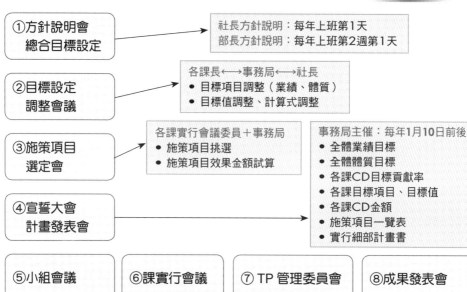

①方針說明會
　總合目標設定

→ 社長方針說明：每年上班第1天
　部長方針說明：每年上班第2週第1天

②目標設定
　調整會議

→ 各課長←→事務局←→社長
　● 目標項目調整（業績、體質）
　● 目標值調整、計算式調整

③施策項目
　選定會

→ 各課實行會議委員＋事務局
　● 施策項目挑選
　● 施策項目效果金額試算

事務局主催：每年1月10日前後
　● 全體業績目標
　● 全體體質目標
　● 各課CD目標貢獻率
　● 各課目標項目、目標值
　● 各課CD金額
　● 施策項目一覽表
　● 實行細部計畫書

④宣誓大會
　計畫發表會

⑤小組會議　　⑥課實行會議　　⑦ TP 管理委員會　　⑧成果發表會

活動剪影

年度方針
說明會

宣誓大會
計畫發表會

1 月 10 日
宣誓大會、計畫發表會

內容
● TP年度宣誓大會
● 課別目標
● 成果預測
● 施策內容
● 實施細部計畫

宣誓大會　　強化全體目標共有化、徹底實施的決意。

成果發表會 分享改善過程實施的苦勞和目標達成的喜悅，因而加強了凝聚力。

11 － 12 月
成果發表會
（新生代 11 月，課長 12 月）

內容
- TP成果報告會
- 成果金額實績
- 改善內容、過程
- 著眼點

實績管理的方法－基本流程

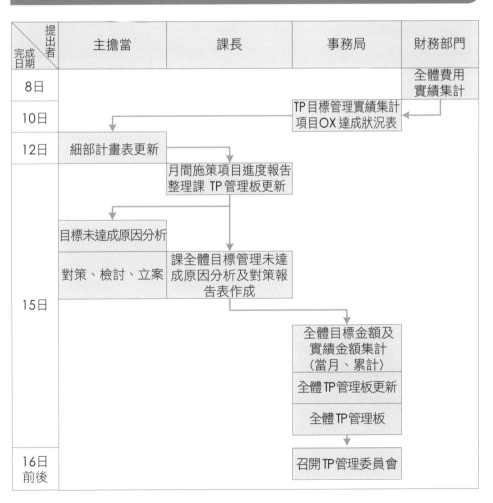

完成日期＼提出者	主擔當	課長	事務局	財務部門
8日				全體費用實績集計
10日		TP目標管理實績集計 項目OX達成狀況表		
12日	細部計畫表更新			
		月間施策項目進度報告 整理課 TP管理板更新		
15日	目標未達成原因分析			
	對策、檢討、立案	課全體目標管理未達成原因分析及對策報告表作成		
			全體目標金額及實績金額集計（當月、累計）	
			全體TP管理板更新	
			全體TP管理板	
16日前後			召開TP管理委員會	

5-4-7 設定 TP 管理 10 誡

推行 TP 管理活動中，為了養成積極正向的人格態度，互相約束不能説的 10 句話：

1. 我很忙，沒有空
2. 我沒有辦法
   表示我的能力只有這樣，停止把我升遷吧！或是我不適任，請把我換掉吧！
3. 那是課長、廠長叫我做的
   表示是自己沒有擔當能力的人
4. 嘿不免啦！（台語）
   表示我是一個不積極的人，是一個沒有 EQ 的人，是一個會把別人 idea 澆冷水的人。
5. 嘿得…嘿得…（台語）
   表示我是一個沒有計畫能力的人，做事沒有謀定而後動，所以會常常失敗的人。
6. 喔！那個實在有夠麻煩
   表示我是一個沒有耐性、坐不住、不能吃苦的人，只適合簡易的工作，不適合做較難的工作。
7. 都是別人把我拖慢的
   表示人身在公司，心不在公司，事情常常忘了。表示自己沒有主導工作之能力，不會推進工作。
8. 他沒有照我的意思做
   表示自己經常疏忽 P.D.C.A. 中的 C 和 A 的工作，對部下是放任的。
   表示部下未將你的意見聽進去，交代不清或意見相左，未溝通好。
9. 沒有問題，你放心（但狀況出現了）
   心思不夠細密，寬度與深度都不足。表示個人的信用度還不夠。
10. 不用管那麼多啦！
    表示自己不謙虛，驕傲，沒有全體觀，無法與人合作，我行我素，比較容易越權、侵權犯上的人，連累主人的人。

> 互相提醒
> 不可以說喔!!
> 漸漸地塑造出來比較良好的工作氣氛

5-5 活動的成果

5-5-1 優秀施策項目一覽表

○活動的施策項目　　●差別化事例

領域 部門	Q	C	D	其他
熔解	○打碎回收量減少 ○脈理磨除量降低	●增加稀土粉末投入量 　降低原料費 ○空壓機用電減少 ○發熱棒使用量降低	○產量提升9% 　299kg/月→325kg/月	
製一	○玻璃種類混入檢出能力 　測試	○生產性向上 ○鑽石刀費用降低 ○自動清土機 ○金鋼砂費用降低	○機內換刀時間短縮 ●機外換刀場所變更	
製二	○玻璃種類混入防止 ○TAC8不良率降低	●換品名時間短縮 ○NO.7受承皿費用降 ○離型劑費用降低	○多能化訓練 ○NO.1產量提升 ○NO.3產量提升 ○NO.6產量提升	
QA	○片肉不良對策防止 ○QA體制再修正 ○開捆檢查 ○折紋檢出能力提升 ○回冷失敗件數減少	●TA客戶材不退回金額降低	○各別檢查效率提升 ○成品磨運作體制建立	
生管	○包裝破裂的抗議減少	○死藏品減少 ●出貨包裝費用降低 　泡盒費用降低 ○空運費降低 ○品名別標準材送係數建立	○內示與實際訂單差異 　性分析	

5-5-2 定量的成果

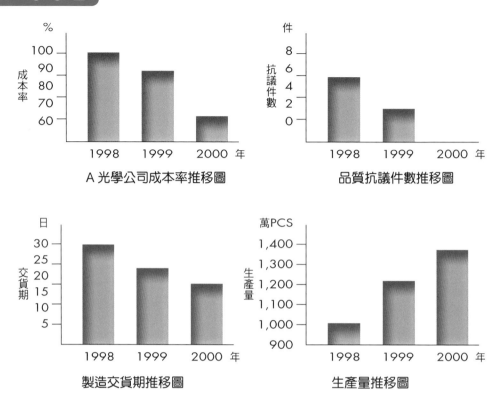

A 光學公司成本率推移圖

品質抗議件數推移圖

製造交貨期推移圖

生產量推移圖

5-5-3 定性的成果

①社長的話

(1) 全體夥伴們，對成本意識非常的高昂：

• 自己的工作成果對成本的影響度，用數字來表示。

(2) 可以看出來，夥伴們已從被管理的意識跳脫出來，而成為自己能夠規劃行程和成果管理的態度：

• 由認識現狀的成本分析開始，已經可以自己去思考：目標項目、目標值、施策項目等等。

(3) 能意識到社長方針，建構了一個「個別目標達成能與全體目標達成息息
相關」的管理架構。

(4) 藉由 TP 管理的活動，A 光學公司已萌生自主性，可以感覺到具有相當程
度的現地化。

②工場長的話

TP 管理和過去目標管理制度的比較

(1) 活動內容占經營實績費用的 80% 以上，真正的感覺到做對
事情。

(2) 顧客滿足向上為第一要務，設定了 Q.C.D. 的目標和體質目
標，活動範圍擴大。

(3) 目標項目、目標值、施策項目之選定，每一個都要經過試算，所以
  • 成本計算之能力加強了。
  • 清楚地了解自己每一次工作之貢獻度，因而激發出強烈的工作慾望和
    使命感。

(4) 全體、跨部門會議：
  TP 成員的教育、會議的實施讓情報共有化，問題解決共識化，所以部門
  間的溝通協調暢通了，因而問題解決的速度加快了。

(5) 重視過程管理、CD 金額、施策進度：
  P.D.C.A 循環充分的轉起來，特別是強化了問題發現的能力。

(6) 成果發表會的實施，強化了報告整理能力、發表能力以及指導能力。

(7) 每個人漸漸地養成好習慣，想要偷懶的人，在公司會不容易待下去。

5-5-4 管理水準比較

管理力評價雷達圖

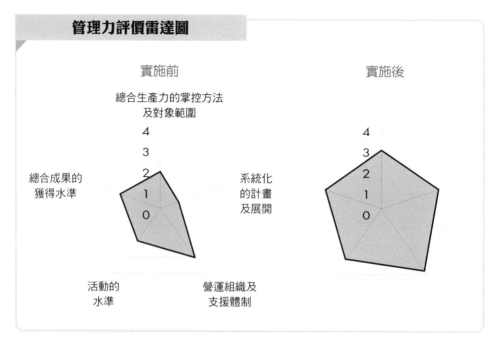

實施前

總合生產力的掌控方法及對象範圍

總合成果的獲得水準

系統化的計畫及展開

活動的水準

營運組織及支援體制

實施後

基礎體力評價雷達圖

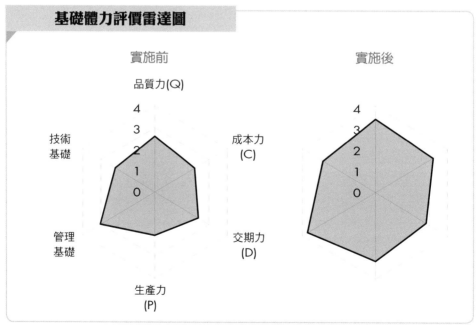

實施前

品質力(Q)

技術基礎

成本力(C)

管理基礎

交期力(D)

生產力(P)

實施後

5-6 結論

A 光學公司 TP 管理制度導入成功的關鍵因素：

1. 充分授權
2. 身體力行的推進組織
3. 穩固的基礎
4. TP 成員充分的教育訓練
5. IT 技術的強化
6. 全員參與
7. 外部資源的活用
8. 財務部門資訊迅速提供

Chapter **6**

B 產品事業部成功案例

單品牌

多品牌、多品種

高階↑低階

ODM←OEM

觸控面板中倍率

高倍率防水

運動型 360 度角

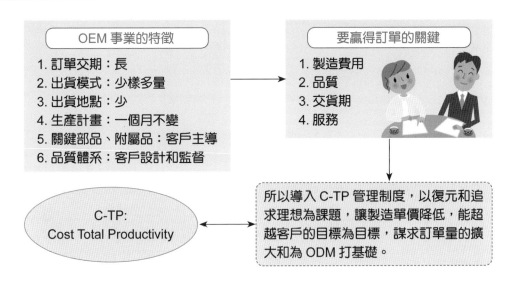

利益都在製造方法中

　　我們知道製造成本 3 要素就是材料費、勞務費、經費，決定這 3 個費用的就是製造方法。一般來說，製造物品的原理各企業都差不多，但是製造方法就差很多。例如：毛胚的生產原理都一樣，要透過加溫軟化，然後用模具讓它成型，優秀的公司一次可以同時生產 10pcs，一般的公司卻只能一次生產 1pcs。

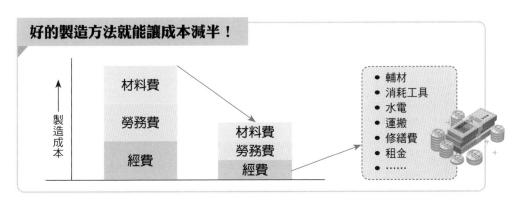

　　優秀製造業之所以能夠勝出，就是擁有好的製造方法，所謂好的製造方法：就是能夠徹底排除浪費，能製造最便宜的製造管理技術。如何保持世界第一的優勢，靠的是製造方法，所以務必推行生產革新 (製造方法革新)。

6-3 第一期 C-TP 推動架構

因此,第一期的 C-TP 推動架構以推進生產革新活動做為改善的主軸,C-TP 以縱向的組織架構作為目標展開,以橫向的生產革新活動作為施策展開,並與各自相對應的成本項目掛鉤,這樣 C-TP、革新活動、財務指標,就有機的結合在一起。

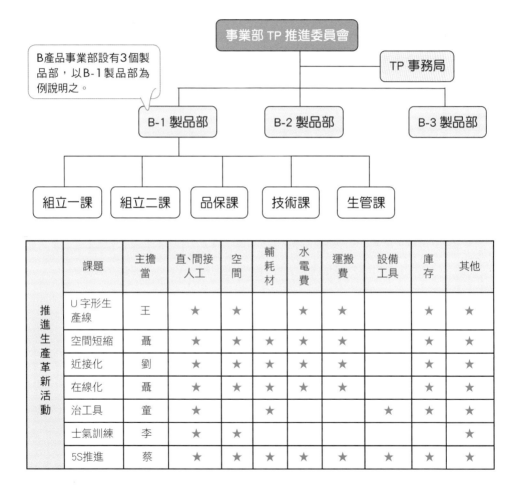

	課題	主擔當	直、間接人工	空間	輔耗材	水電費	運搬費	設備工具	庫存	其他
推進生產革新活動	U字形生產線	王	★	★		★	★		★	★
	空間短縮	聶	★	★	★	★	★		★	★
	近接化	劉	★		★	★	★		★	★
	在線化	聶	★		★	★	★		★	★
	治工具	童	★		★			★	★	★
	士氣訓練	李								★
	5S推進	蔡	★	★	★	★	★	★	★	★

6-4 C-TP 目標設定與展開

B-1 製品部的 C-TP 目標是全體的製造費用降低 30%DOWN。也就是 C-TP 製造單價 1 台要降 30%，從 A 美元 / 台→降低到 B 美元 / 台。

將 C-TP 目標 (A-B) 美元 / 台，展開為生產革新的全體目標如下：

年度目標	活人數	360 人
	活出率	30%
實績	活人數	
	活出率	

年度目標	活空間	1,319m^2
	活出率	20%
實績	活空間	
	活出率	

年度目標	削減庫存	0.25 月
	削減率	30%
實績	削減庫存	
	削減率	

項目	BM/ 年	新年度
C-TP 製造費用	A 美元 / 台	B 美元 / 台 (A×0.7)

展開

各小組目標一律

活　人 (人員活用)：30%
活空間 (空間活用)：30%
活庫存 (削減庫存)：30%

再展開為各小組目標

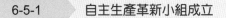

6-5　生產革新推進方法

6-5-1	自主生產革新小組成立
6-5-2	一面培訓，一面進行改善
6-5-3	自主生產革新活動內容

① 士氣訓練
② 座學
③ 現場巡迴，發現問題
④ 現場改善
⑤ 每回合改善成果發表會

6-5-1　自主生產革新小組成立

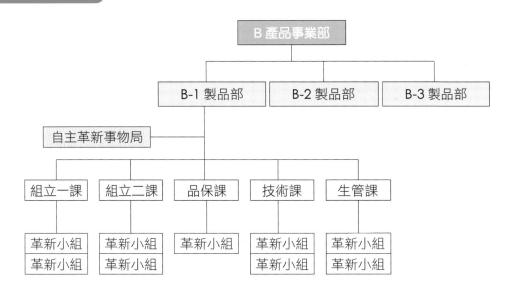

6-5-2 一面培訓，一面進行改善

培訓計畫

項目	擔當
1. 推進方式立案決定	事務局
2. 推進方式説明	事務局
3. 小組成員編成決定	事務局 / 各部
4. 教育實施、準備	事務局
5. 參加者連絡	事務局
6. 活動教育	事務局 / 各組
7. 活動展開	各組
8. 活動成果發表會	事務局 / 各組
9. 平行展開	各組

每期 9 小組 45 人
分 2 班
一期 3 個月
一年 3 期
共 135 人

回合	日期	課程安排	講師
第一回合		意識改造	毛○○
		革新概念	何○○
第二回合		浪費排除	付○○
		U 字形生產線	趙○○
第三回合		近接化、在線化	何○○
		5S 管理	呂○○
第四回合		定點取放	黃○○
		削減庫存	趙○○
總合發表會			
結業式			
每回合		士氣訓練	毛○○

6-5-3　自主生產革新活動內容

(B-1 製品部用)

時段	時長(分)	1回	2回	3回	4回	最終回
8:00~8:50	50	土氣訓練	土氣訓練	土氣訓練	土氣訓練	土氣訓練
9:00~9:30	30	開訓儀式	發表練習	發表練習	發表練習	發表準備
9:30~10:00	30	指導員學員介紹，生產革新活動計畫說明 / 座學 意識改造	座學 排除浪費	座學 近接化 在線化	座學 定點取放	總合發表
10:00~12:00	120	座學 革新概念 / 職場巡迴 / R&Q	座學 U字形 line / 職場巡迴 / 1回總結	座學 5S管理 / 職場巡迴 / 2回總結	座學 削減庫存 / 職場巡迴 / 3回總結	發表準備 / 個人發表 / 4回總結
13:00~15:00	120	職場巡迴	現場改善	現場改善	現場改善	現場改善
15:00~16:00	60	發表練習	發表練習	發表練習	發表練習	現場改善
16.00~16.30	30	目標宣言				個人發表
16:30~17:00	30	R&Q（1回小結）	R&Q（2回小結）	R&Q（3回小結）	R&Q（4回小結）	頒獎 / 結業式

6-6 第一期改善的施策項目

第一期 2 年的期間，主要的大施策項目有 7 個項目，實現了 U 字形生產線。

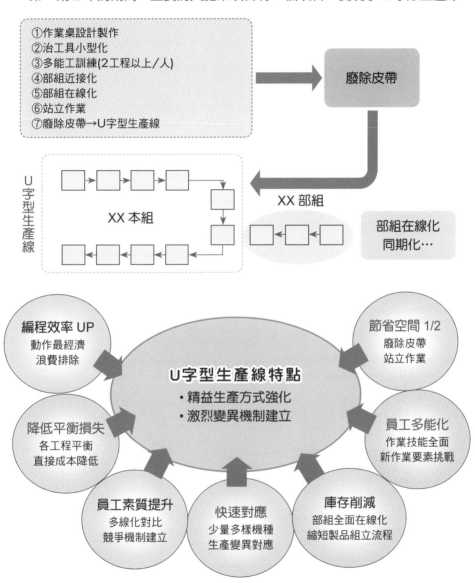

① 作業桌設計製作
② 治工具小型化
③ 多能工訓練(2工程以上/人)
④ 部組近接化
⑤ 部組在線化
⑥ 站立作業
⑦ 廢除皮帶→U字型生產線

廢除皮帶

U 字型生產線

XX 本組

XX 部組

部組在線化
同期化…

編程效率 UP
動作最經濟
浪費排除

節省空間 1/2
廢除皮帶
站立作業

U字型生產線特點
・精益生產方式強化
・激烈變異機制建立

降低平衡損失
各工程平衡
直接成本降低

員工多能化
作業技能全面
新作業要素挑戰

員工素質提升
多線化對比
競爭機制建立

快速對應
少量多樣機種
生產變異對應

庫存削減
部組全面在線化
縮短製品組立流程

U 字型生產線的成功，為後來的 ODM 計畫多機種、少量、彈性化的生產，奠定了堅實的經驗基礎。

6-7 第一期改善的成果

6-7-1 活人數

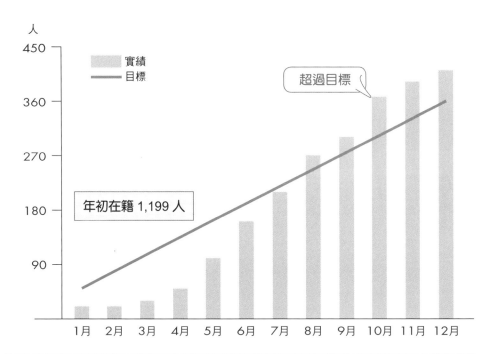

月份	1月	2月	3月	4月	5月	6月	7月	8月	9月	10月	11月	12月
目標	30	60	90	120	150	180	210	240	270	300	330	360
實際	14	17	22	35	123	158	215	269	303	368	398	428

改善重點

- 工程平衡
- 近接化、在線化
- 動作經濟原則
- 品質管理
- 效率管理

年度目標	活人數	360 人
	活出率	30%
實績	活人數	428 人
	活出率	35.6%

6-7-2 活空間

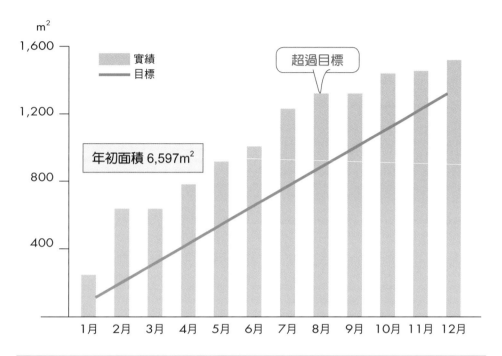

月份	1月	2月	3月	4月	5月	6月	7月	8月	9月	10月	11月	12月
目標	106	212	318	424	530	636	742	848	954	1,076	1,198	1,319
實際	298	683	691	794	914	1,098	1,263	1,385	1,385	1,470	1,500	1,550

改善重點

- 流程整合
- U型CELL方式
- 混流生產
- 超市冰箱化

年度目標	活空間	1,319m²
	活出率	20%
實績	活空間	1,550m²
	活出率	23.5%

6-7-3 削減庫存

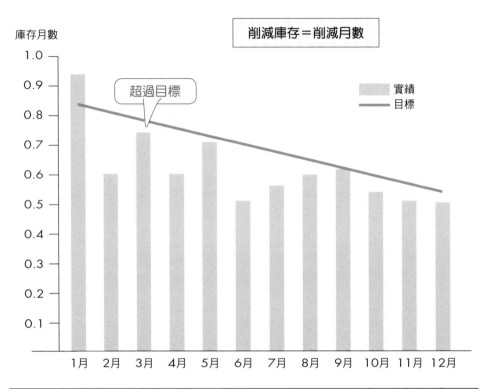

削減庫存＝削減月數

月份	1月	2月	3月	4月	5月	6月	7月	8月	9月	10月	11月	12月
目標	0.84	0.80	0.78	0.76	0.74	0.72	0.70	0.68	0.66	0.64	0.62	0.59
實際	0.95	0.60	0.77	0.59	0.72	0.51	0.58	0.60	0.63	0.54	0.52	0.50

改善重點

- 納期短縮化
- 多批次少量
- 管理板運用
- 超市冰箱化
- 每日出貨

年度目標	削減庫存	0.25 月
	削減率	30%
實績	削減庫存	0.34 月
	削減率	39%

6-7-4 全體目標與實績

彙總 27 個小組的實績，B-1 製品部的全體推行生產革新的實績如下：

活人數目標 360 人，實績 428 人，活出率 35.6%。

活空間目標 1,319 m²，實績 1,550 m²，活出率 23.5%。

削減庫存目標 0.25 個月，實績 0.34 個月，削減率 39%。

總結：C-TP 製造費用目標下降 30%，實績 31.8%。

年度目標	活人數	360 人
	活出率	30%
實績	活人數	428 人
	活出率	35.6%

年度目標	活空間	1,319m²
	活出率	20%
實績	活空間	1,550m²
	活出率	23.5%

年度目標	削減庫存	0.25 月
	削減率	30%
實績	削減庫存	0.34 月
	削減率	39%

項目	BM/ 年	新年度實績
C-TP 製造費用	A 美元 / 台	B 美元 / 台 A×0.68

目標 30% DOWN
實績 31.8% DOWN

士氣訓練

座學

現場診斷

現場改善

扮演學員練習四階段法

講師在旁邊指導

學員扮演指導練習四階段法

四步教學法

部內發表

步行體驗活剪影

做為士氣訓練的一部分舉辦步行體驗活動，不但讓參加的學員徹底了解自己的缺點，還在體能、態度、行為等各方面得到鍛鍊。

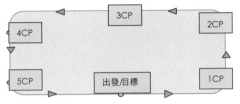

B 產品事業部第二回合步行 Rally 體驗團體合影

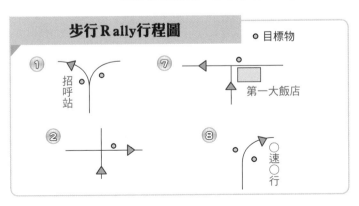

步行 Rally 行程圖，為許多小地圖組成，請依小地圖左上方的號碼依序進行行走。
①出發點，按箭號方向行進直到②小地圖上地點出現為止，「沿著道路直走」。

253

集團的年度成果發表大會，年年得冠軍

6-9 優秀案例

6-9-1 廢除皮帶→ U 字型生產線 (Cell) 全景

皮帶生產線坐著作業 (改善前)

皮帶生產線＋站立作業 (改善中)

U 字型生產線站立作業 (改善後)

6-9-2 作業台架改善

改善前

改善後

燈光下降

平面

立體

效果
省電
活空間

6-9-3 最佳視角和自動判讀的改善

改善前	改善後

改善動機

1. 看計數器需要抬頭，能否安裝在最佳視線？
2. 還要看計數器的顯示次數，判斷相機校正結果，
   不能用軟體進行自動判讀嗎？

改善手法
動作經濟原則 NO.9
最佳視角、防錯法

6-9-4 元件檢測誤判的改善

改善前	改善後

追加蜂鳴器、
檢測 NG 就報警

防呆法的運用　　看、聽、想三者一體的實現，不良品 0 流出。

6-9-5 FPC 押板鎖付治具改善

| 改善前 | 改善後 |

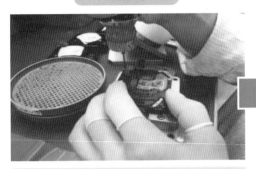

| FPC 壓板鎖付工程，
螺絲鎖付打滑時，易造成 FPC 破損 | 在治具上追加擋板，
只露出螺絲鎖付位置 (如圖示) |

| 改善手法　　防錯法 | 改善效果　　損品→ 0 |

6-9-6 先進先出管理改善

| 改善前 | 改善後 |

傾斜式貨架

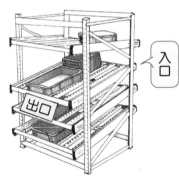

入口

出口

效果
- 不會因保存過期引起品質惡化或圖訂引起的部品混用
- 先入先出法計算的期末存貨額，比較接近市價

6-9-7 兔追式捆包作業台

改善前

改善後

固定作業桌

5M

13M

1.0M

移動作業台

作業台固定由各貨架搬運部品
至作業台進行捆包作業

移動作業台至各貨架
進行捆包作業

效　果

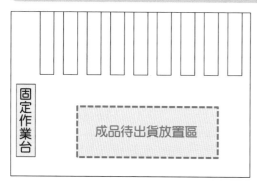

固定作業台

成品待出貨放置區

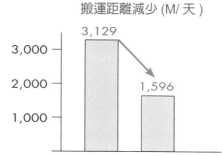

搬運距離減少 (M/ 天)

3,129

3,000

2,000

1,596

1,000

移動作業台

成品待出貨放置區

6-9-8　實現包材日量庫存

大貨架

改善前 3 日量

改善前　2M*1.2M*1.5M

改善後 1 日量

改善後　2M*0.6M*0.4M

小貨架

一般貨架 5 層　　　　加密貨架 8 層

通箱分隔放置

| 改善重點 | • 縮小貨架和間隔
• 限位
• 限量 |

| 改善效果 | • 活空間 36.5M^2
• 活庫存 3 日量→ 1 日量 |

實現了日量庫存
上午入庫，
下午用完

6-9-9　配膳車取代棧板，減少搬運

改善前

改善後

從貨架搬到備料區

從貨架搬上配膳車

從備料區搬上棧板

配膳車直接推到生產線

叉車搬到生產線

成果

1. 5 人
2. 1 人 1 板 47.2 秒
3. 1 天 3,050 套

從棧板搬到墊板

1. 2 人
2. 1 人 1 車 19.2 秒
3. 1 天 3,000 套

ODM事業的特徵

1. 訂單交期：短
2. 出貨模式：多樣少量
3. 出貨地點：多
4. 生產計畫：隨訂單天天在變
5. 關鍵部品：自己調達
6. 附屬品：自己設計
7. 品質體系：自己設計和監督
   同時接受客戶監督

Q‧C‧D‧S‧S

大環境的惡化

1. 工資年年上漲
2. 原材料不斷上升
3. 賣價每年下跌
4. 高品質要求
5. 高機能要求

要贏得訂單的關鍵

1. 製造費用
2. 品質
3. 交貨期
4. 服務
5. 速度

我們的課題

深耕 TP 管理制度，以追求理想和標竿當做課題，讓製造費用和品質能躋入大中華圈第一流的水準為目標，謀求訂單量的擴大。

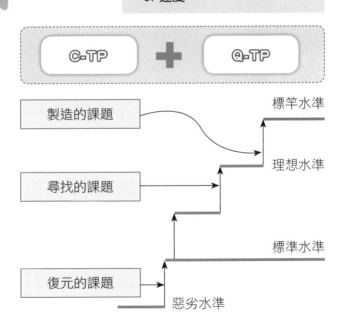

C-TP ＋ Q-TP

製造的課題 —— 標竿水準

尋找的課題 —— 理想水準

復元的課題 —— 標準水準

惡劣水準

6-11-1 總合目標設

依照總合目標設定的原理原則，首先進行調查業界的水準，包括直行率、退貨率、製造成本、加權納期 (從接單到交貨)，並確定要到達世界一流的的標竿水準必須是直行率 99%、退貨率 0.01%、製造成本 (每台加工費) 4USD/ 台，加權納期 53 天以內。

數字為虛構

代工廠	直行率	退貨率	製造成本	加權納期
B	☺	☺	☺	☺
F	☺	☺	☹	☺
C	☺	☺	☺	😐
L	😐	☹	☹	😐
A	☹	☹	☺	☹
世界一流	99%	0.01%	4USD/台	53天
A現狀	96%	0.05%	30.66	68天

業界水準調查

然後朝向標竿設定了 B 產品事業部的大目標 (總合目標)：

	直行率	退貨率	製造成本	加權納期
世界一流	99%	0.01%	4USD	53天
A現狀	96%	0.05%	30.66RMB	68天
大目標	99%	0.01%	23.88RMB	50天

大目標設定

以C-TP為例說明：現狀當作基準值(Base)

> 目標設定

高度目標從 30.66RMB/ 台→ 23.88RMB/ 台

> 面積目標

8,677,750RMB/ 年＝ CD 率 22.11%

> 計算公式

年度 C-TP 高度目標＝ ∑ (月 C-TP 目標 × 月目標產量)/ ∑月目標產量

年度 C-TP 面積目標＝ ∑ (去年 C-TP 實績 (基準) －月 C-TP 目標)
× 月目標產

例如：1 月份的面積目標＝ (30.66 － 26.36) ×80,520 台＝ 346,151RMB (小數點的誤差)
2 月份的面積目標＝ (30.66 － 23.45) ×86,187 台＝ 621,409RMB
以此類推………
年度 C-TP 面積目標＝ (30.66 － 23.88) ×1,280,355 台＝ 8,677,750RMB

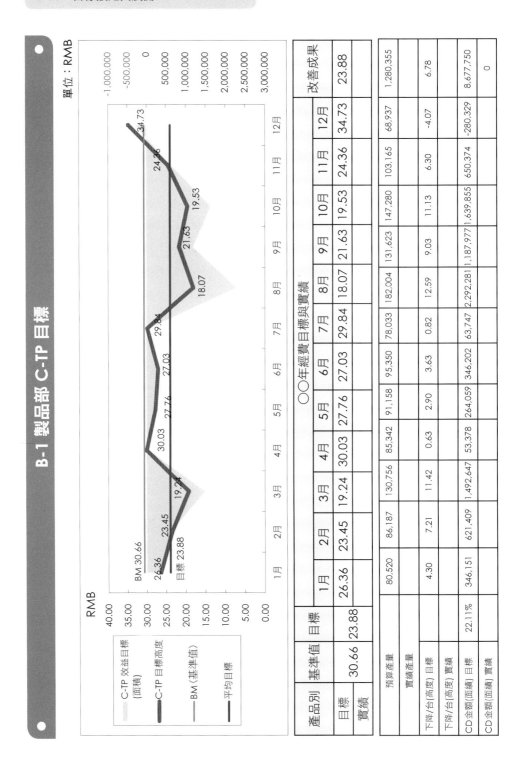

B-1 製品部 C-TP 目標

單位：RMB

RMB

- C-TP 效益目標（面積）
- C-TP 目標高度
- BM（基準值）
- 平均目標

BM 30.66

目標 23.88

產品別	基準值	目標	1月	2月	3月	4月	5月	6月	7月	8月	9月	10月	11月	12月	改善成果
目標	30.66	23.88	26.36	23.45	19.24	30.03	27.76	27.03	29.84	18.07	21.63	19.53	24.36	34.73	23.88
實績															

○○年經費目標與實績

			1月	2月	3月	4月	5月	6月	7月	8月	9月	10月	11月	12月	
預算產量			80,520	86,187	130,756	85,342	91,158	95,350	78,033	182,004	131,623	147,280	103,165	68,937	1,280,355
實績產量															
下降(台/高度) 目標			4.30	7.21	11.42	0.63	2.90	3.63	0.82	12.59	9.03	11.13	6.30	-4.07	6.78
下降(台/高度) 實績															
CD金額(面積) 目標	22.11%		346,151	621,409	1,492,647	53,378	264,059	346,202	63,747	2,292,281	1,187,977	1,639,855	650,374	-280,329	8,677,750
CD金額(面積) 實績															0

6-11-3 B-1 製品部目標展開

> 數字為範例,單位 RMB/台

　　設定好 B-1 製品部目標之後,接下來進行目標展開,第 1 次展開到課級別目標,例如:組立部門從 16.2 → 12.6、QA 部門 4.3 → 3.3、生管部門 6.2 → 4.8、技術部門 3.96 → 3.18,合計 B-1 製品部從 30.66 → 23.88。

　　再第 2 次展開到會計科目,例如:組立部門的各會計科目分別為薪資從 8.2→6.6、水電費從 2.1 → 1.64、輔耗材從 1.49 → 0.56、設備治工具從 1.3 → 1.2、運搬費 1.4 → 1.17、雜費 1.2 → 0.93、其他 0.51 → 0.5,合計組立部門從 16.2 → 12.6。

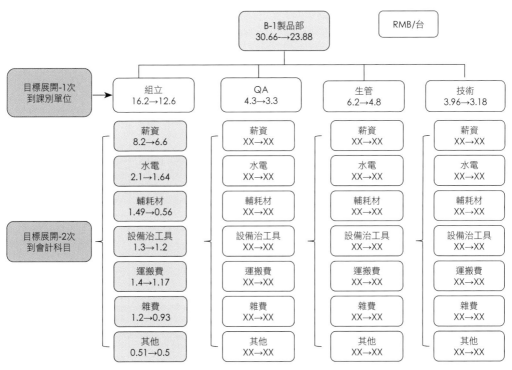

6-12 第二期 TP 推動架構

第二期推動架構，為了讓 ODM 保持甚至比 OEM 更低的成本，我們全面推進總合革新活動，謀求獲得大量的施策項目來支持成本降低，其中以 TP 施策展法以及野沢大師所指導的多能化 CELL 為全面革新的最重點。

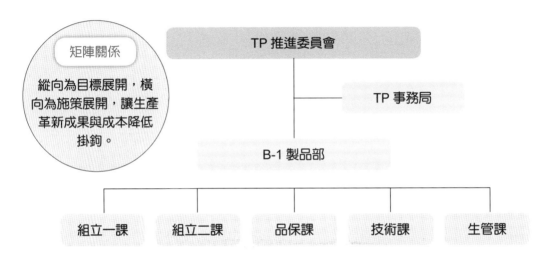

推進總合革新活動	課題	主擔當	直間接人工	空間	輔耗材	水電費	運搬費	設備工具	庫存	其他
	TP施策展開法	王	★	★	★	★		★	★	★
	多能化CELL	聶	★	★			★			★
	事務革新	劉	★	★		★	★		★	★
	物流革新	聶	★	★		★	★		★	★
	Q-TP	蔡	★	★	★	★	★	★	★	★

6-13 施策展開的方法

目 的

廣範圍的施策檢討和最佳效果的施策選用

方 法

	課 題	主擔當
推進總合革新活動	TP 施策展開法	王〇〇
	多能化 CELL	聶〇〇
	事務革新	劉〇〇
	物流革新	聶〇〇
	Q-TP	蔡〇〇

以TP施策展開法和多能CELL為最重點

267

6-13-1 自主總合革新活動內容

(B-1 製品部用)

時段	時長(分)	1回	2回	3回	4回	最終回
8:00~8:50	50	士氣訓練	士氣訓練	士氣訓練	士氣訓練	士氣訓練
9:00~9:30	30	開訓儀式	發表練習	發表練習	發表練習	發表準備
9:30~10:00	30	指導員學員介紹，生產革新活動計畫說明	座學 改善手法-1	座學 多能化CELL	座學 工程確認	座學 指差確認
10:00~12:00	120	座學 TP施策展開法／現狀分析／職場巡迴	座學 改善手法-2／職場巡迴／1回總結	座學 多能化CELL／職場巡迴／2回總結	職場巡迴／3回總結	個人發表準備／職場巡迴／4回總結／總合發表
13:00~15:00	120	職場巡迴	現場改善	現場改善	現場改善	現場改善
15:00~16:00	60	發表練習	發表練習	發表練習	發表練習	個人發表
16:00~16:30	30	目標宣言	1回小結	2回小結	3回小結	頒獎
16:30~17:00	30	R&Q	R&Q	R&Q	R&Q	結業式

① **TP 施策展開法**

(參考第 3 章步驟 8)

步驟	過程	目的
1 可能性檢討	評價施策視點	決定改善方向
2 鎖定課題	進行損失分析	決定改善課題
3 現狀分析	理出原因	問題點整理
4 施策提取	IE 改善技術	Idea 一覽整理
5 施策項目選定	Idea 評價	施策項目一覽表
6 實施計畫策定	細部日程計畫	施策項目進度管理
7 貢獻率計算	改善效果 / 總目標	當件對全體的貢獻

② **多能化 CELL 簡介**

多能化 CELL 是將 U 字形生產線的效能再大幅提升的方法

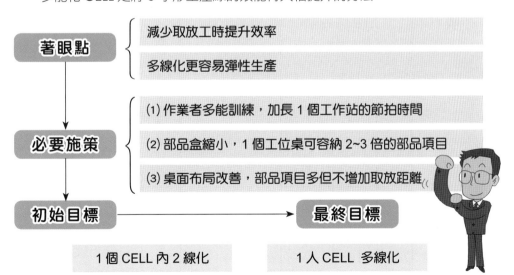

著眼點
- 減少取放工時提升效率
- 多線化更容易彈性生產

必要施策
- (1) 作業者多能訓練，加長 1 個工作站的節拍時間
- (2) 部品盒縮小，1 個工位桌可容納 2~3 倍的部品項目
- (3) 桌面布局改善，部品項目多但不增加取放距離

初始目標 ➡ **最終目標**

1 個 CELL 內 2 線化　　　　1 人 CELL 多線化

　　為什麼多能化生產線可以提升效率呢？請比較下列各種狀況，就可以知道，改善前取放工時占了 21 秒，改善中就降到了 9 秒，改善後剩下 3 秒，最終改善 1 人 CELL 時，取放工時趨近 0 秒。

為什麼多能化生產線可以提升效率呢？

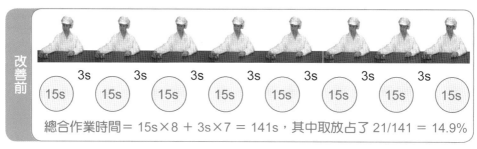

改善前

3s 3s 3s 3s 3s 3s 3s

(15s) (15s) (15s) (15s) (15s) (15s) (15s) (15s)

總合作業時間 = 15s×8 + 3s×7 = 141s，其中取放占了 21/141 = 14.9%

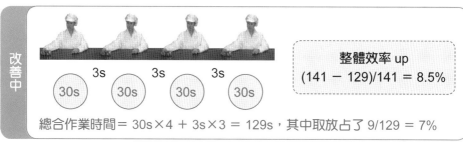

改善中

3s 3s 3s

(30s) (30s) (30s) (30s)

整體效率 up
(141 − 129)/141 = 8.5%

總合作業時間 = 30s×4 + 3s×3 = 129s，其中取放占了 9/129 = 7%

改善後

3s

(60s) (60s)

整體效率 up
(141 − 123)/141 = 12.7%

總合作業時間 = 60s×2 + 3s×1 = 123s，其中取放占了 3/123 = 2.4%

最終改善

(120s)

整體效率 up
(141 − 120)/141 = 14.9%

總合作業時間 = 120s，其中取放占了 0/120 = 0%

(1) 多能化訓練

組立人員技能盤點表案例

NO.	姓名	工程一	工程二	工程三	工程四	工程五	工程六	工程七	工程八	工程九	所擔當工程資格認定狀況
1	旦瓊瓊	◎	◎	◎	◎	◎	◎	◎	◎	△	OK
2	牛冬霞	△	◎	△	△	△	△	△	△	△	OK
3	夏　萍	◎	◎	◎	◎	◎	◎	◎	◎	△	OK
4	郭利瓊	◎	◎	◎	◎	◎	◎	◎	◎	△	OK
5	植　雲	◎	◎	◎	◎	◎	◎	◎	◎	△	OK
6	武星星	△	△	△	△	△	△	△	△	△	OK
7	王永配	△	△	△	△	△	△	◎	△	△	OK
8	陳二娟	△	△	△	△	△	△	△	◎	△	OK
9	何迎春	◎	◎	◎	◎	◎	◎	◎	◎	◎	OK
10	李利真	◎	◎	◎	◎	◎	◎	◎	◎	△	OK
11	呂靜靜	◎	◎	◎	◎	◎	◎	◎	◎	△	OK
12	秦桂玲	△	△	◎	△	△	△	△	△	△	OK
13	劉　敬	◎	◎	◎	◎	◎	◎	◎	◎	△	OK
14	李小娟	△	△	△	△	◎	△	△	△	△	OK
15	陳金秀	△	△	△	△	△	◎	△	△	△	OK
16	王燕燕	△	△	△	△	△	△	◎	△	△	OK
17	付雪婷	△	△	△	△	△	△	△	◎	△	OK
18	李偉燕	◎	◎	◎	◎	◎	◎	◎	◎	◎	OK

説明："◎"表示可熟練擔當，"○"表示了解 75%（可擔當但不夠熟練），"△"表示了解 50% 不可擔當檢查，"×"表示了解 25%，"/"表示完全不了解。

QA 人員技能盤點表案例

NO.	姓　名	工程一	工程二	工程三	工程四	工程五	工程六	工程七	所擔當工程資格認定狀況
1	鄭　燕	◎	◎	◎	◎	◎	◎	○	OK
2	聶英鴿	△	◎	△	△	△	△	△	OK
3	殷　靜	△	△	◎	△	△	△	△	OK
4	王丹琴	△	△	△	◎	△	△	△	OK
5	黃青平	◎	◎	◎	◎	◎	◎	○	OK
6	張　丹	△	△	△	△	◎	△	△	OK
7	張小娟	◎	◎	◎	◎	◎	◎	◎	OK
8	薛　坤	◎	◎	◎	◎	◎	◎	△	OK
9	徐　濤	△	◎	△	△	△	△	△	OK
10	趙　芳	△	△	△	△	△	△	◎	OK
11	徐　麥	△	△	△	◎	△	△	△	OK
12	田春燕	△	△	△	△	◎	△	△	OK
13	劉丹丹	△	△	△	△	△	◎	△	OK
14	徐香香	◎	◎	◎	◎	◎	◎	◎	OK

(2) 部品盒縮小或堆疊

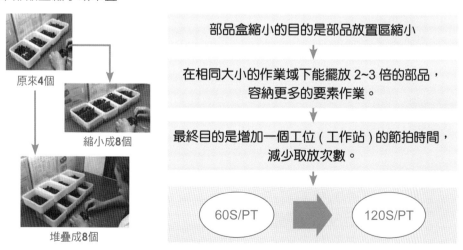

原來4個

縮小成8個

堆疊成8個

部品盒縮小的目的是部品放置區縮小

↓

在相同大小的作業域下能擺放 2~3 倍的部品，容納更多的要素作業。

↓

最終目的是增加一個工位（工作站）的節拍時間，減少取放次數。

60S/PT　➡　120S/PT

(3) 桌面布局改善

作業域的布置都在 20cm 以內

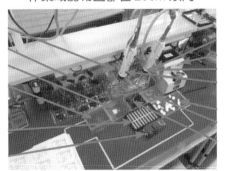

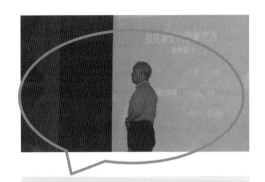

野沢大師指導我們彎一個腰要 1 秒，轉一個身要 0.6 秒，走一步要 0.8 秒，移動 20 公分要 1 秒，透過對移動、彎腰、走動、轉身的分析，來達到短縮最佳作業域的目的。

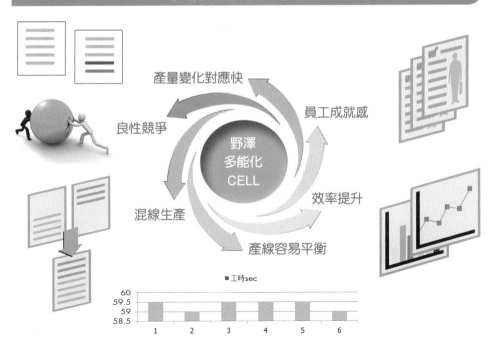

　　透過 TP 施策展開法以及多能化 CELL 的戰術，成果非常的豐碩，共獲得 301
件的施策項目，年間效益金額 11,889,576RMB。

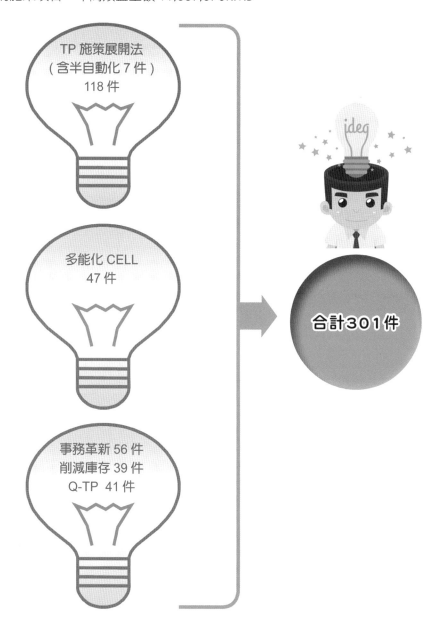

TP 施策展開法
（含半自動化 7 件）
118 件

多能化 CELL
47 件

事務革新 56 件
削減庫存 39 件
Q-TP 41 件

合計301件

①施策項目一覽表

總施策件數 301 件，年間 CD 實績 11,889,576RMB，其中有 12 件是屬於差別化施策項目。

NO.	機種	轄批材案實施項目 明細機種（課別，單質等訊息）	實施日期	擔當	預測效果 CD金額	預測 貢獻率	1月	2月	3月	4月	5月	6月	7月	8月	9月	10月	11月	12月	合計	貢獻率
CTPSC13002	全機種	UV 使用曝準化．定量化管理：cost down10%	1月	周德榮	22,500	8.20%	3,012	2,510	2,510	3,012	26,857	3,012	2,510	2,510					45,933	0.53%
CTPSC13003	全機種	潤滑油使用量應率化．定量化管理：cost down10%	1月	各課長	13,500	6.50%	2,207	2,055	1,365	3,458	1,078	1,598	2,283	2,207	2,055	1,364	1,364	434	21,469	0.25%
CTPSC13009	D3371	試作階段將塗膠成本納入項目管理：成本降低	2月	各課長	18,000	4.21%	1,500	1,500	1,500	1,500	1,500	1,500	1,500	1,500	1,500		1,500	1,500	16,500	0.19%
CTPSC13025	全機種	螺絲固定膠使用量 cost down10%	1月	王森	22,500	3.24%	252			1,406	914	562	703	914					4,751	0.05%
CTPSC13026	全機種	105 試作在 A 館進行：空調清潔劑殺菌使用節省	2月	王森	45,000	3.37%		2,000	2,000	2,000	2,000	2,000	2,000	5,760	6,195	5,700	5,400	3,600	38,655	0.45%
CTPSC13027	DC101、DC105	8008 膠使用量標準化．定量化管理：cost down10%	1月	賴晶金	24,000	3.74%	2,240	2,240	2,240	2,240	2,240	2,240	2,240	4,379	3,318	2,744	700		26,821	0.31%
CTPSC13028	全機種	1542UV 膠代用品品價．試作、代用、費用減少	3月	周德榮	18,000	12.96%		1,235							1,240	496	248		3,219	0.04%
CTPSC13033	DC106	A850 機械電池蓋對應本體塗油工程變更	1月	汪毅	18,000	10.26%	2,500	2,500						1,614	1,076	538	269		8,497	0.10%
CTPSC13046	DC101、DC105	靜電周期單價 Cost down	5月	汪毅	24,000	17.25%					17,985	9,810							27,795	0.32%
CTPSC13047	全機種	轉換鏡頭（平凸鏡）單票 cost down	5月	汪毅	9,000	2.90%					3,630	3,300							6,930	0.08%
CTPSC13050	DC107	電檢鐵箱單價 costdown	6月	何興隆	12,000	2.78%					2,445								2,445	0.03%
CTPSC13051	DC105	客戶支給之燈箱 LSB-111XE H55 機種活用	6月	周德榮	6,728	2.78%							150,000						150,000	1.73%
CTPSC13057	生管	客戶支給之電動起子手柄，電源搭配修理使用	2月	康慧	18,085	2.27%		55,263						6,400					61,663	0.71%
CTPSC13064	生管	936 塔鐵之 T-B 塔鐵頭代替 941 之 T1-1BC 塔鐵使用	6月	李K	18,750	3.32%									41,007	2,952	2,214	984	47,157	0.54%
CTPSC13070	生管	SMT 購料移回邏輯，減少派運費用及人工費用	6月	李埕	2,520	1.93%						305					3,000	1,000	4,305	0.05%
CTPSC13075	DC521	L130 機座屜回原來的H32打印後膠箱改良使用 節省：「2條線 *6台 *10,000元/台 =180,000元」	5月	陳香	120,000	10.10%					20,525		3,000			5,000		1,500	30,025	0.35%
合　計					9,871,487	113.76%	986,681	986,608	973,872	1,025,746	977,069	1,026,428	977,333	972,193	977,180	1,036,328	972,522	977,415	11,889,576	137.01%

② 差別化施策項目一覽表 (與眾不同)

NO.	差別化案例名稱	節省金額	差別化水準
1	智能防水測試系統		
2	創新通用型量測治具		
3	ERP 深化運用		
4	PLUS 20 管理		
5	條碼自動掃描系統		
6	測試站小型化		集團第一
7	品質追溯系統		
8	2 階段物流革新		
9	輝度箱合理利用改善		
10	無窮遠治具改善		
11	基板測試自動化		
12	無人化測試系統		

① **B-1 製品部 C-TP 實績**

從 30.66/台→21.00/台　單位：RMB

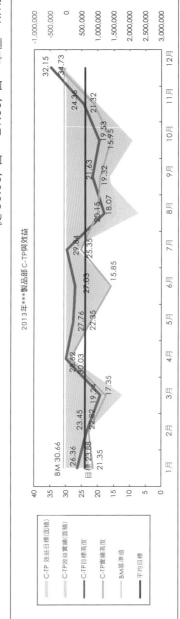

2013年***製品部C-TP與效益

- C-TP 效益目標(面積)
- C-TP效益實績(面積)
- C-TP目標高度
- C-TP實績高度
- BM基準值
- 平均目標

產品別	基準值	平均高度	1月	2月	3月	4月	5月	6月	7月	8月	9月	10月	11月	12月	合計
目標	30.66	23.88	26.36	23.45	19.24	30.03	27.76	27.03	29.84	18.07	21.63	19.53	24.36	34.73	23.88
實績		21.00	21.35	22.82	17.35	28.62	22.35	15.85	25.35	20.15	19.32	15.95	21.32	32.15	21.00

○○年經費目標與實績

			1月	2月	3月	4月	5月	6月	7月	8月	9月	10月	11月	12月	合計
預算產量			80,520	86,187	130,756	85,342	91,158	95,350	78,033	182,004	131,623	147,280	103,165	68,937	1,280,355
實績產量			80,520	86,500	135,000	85,342	92,000	95,600	73,525	150,000	120,000	142,685	105,000	65,000	1,232,272
下降/台(高度)目標			4.30	7.21	11.42	0.63	2.90	3.63	0.82	12.59	9.03	11.13	6.30	-4.07	6.78
下降/台(高度)實績			9.31	7.84	13.31	2.04	8.31	14.81	5.31	10.51	11.34	14.71	9.34	-1.49	9.66
CD金額(面積)目標	22.11%		346,151	621,409	1,492,647	53,378	264,059	346,202	63,747	2,292,281	1,187,977	1,639,855	650,374	-280,329	8,677,750
CD金額(面積)實績	31.50%		749,641	678,160	1,796,850	174098	764,520	1,415,836	390,418	1,576,500	1,360,800	2,098,896	980,700	-96,843	11,889,576

- 高度實績從 30.66RMB/ 台→ 21.00RMB/ 台。
- 面積目標 8,677,750RMB/ 年，實績 11,889,576RMB/ 年，CD 率 31.50%，大幅超越目標 22.11%。

計算公式

- 年度 C-TP 平均高度實績＝∑ (月 C-TP 實績 × 月實績產量)/ ∑月實績產量
- 年度 C-TP 面積實績＝∑ (去年 C-TP 實績 (基準) －月 C-TP 實績)× 月實績產量
- 年度面積實績↓ %＝年度 C-TP 面積實績 / ∑ (去年 C-TP 實績 (基準)× 月實績產量)

② B-1 製品部目標與實績對比

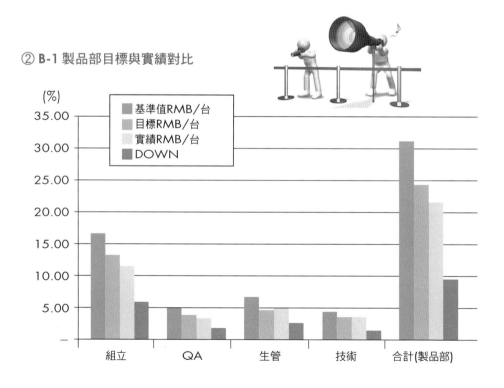

③ 組立各費目的目標與實績對比

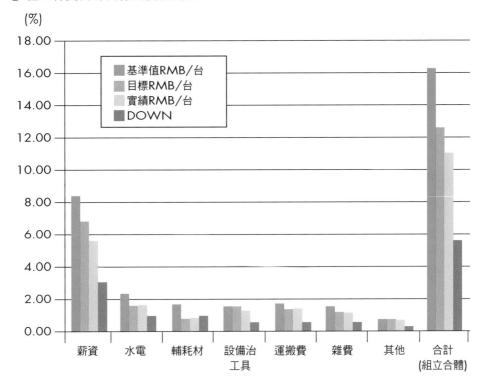

預估貢獻率（施策項目數量飽和度指標）113.76%　讚！

實際貢獻率（施策項目執行力度指標）　137.01%

單位：RMB

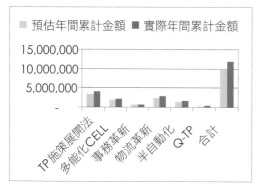

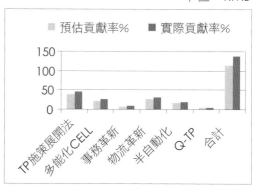

NO.	改善方向	施策項目數		預估 Cost Down			年度目標	實際 Cost Down		
		當月有效	累計有效	當月金額	年間累計金額	貢獻率%		當月金額	年間累計金額	貢獻率%
1	TP 施策展開法	15	118	283,121	3,362,775	38.75		349,452	4,050,248	46.67
2	多能化 CELL	6	47	153,216	1,853,371	21.36		193,253	2,232,267	25.72
3	事務革新	7	56	49,280	610,075	7.03		58,283	734,796	8.47
4	物流革新	3	32	202,983	2,315,800	26.69		253,240	2,789,234	32.14
5	半自動化	1	7	113,290	1,378,899	15.89		136,275	1,660,796	19.14
6	Q-TP	5	41	24,120	350,567	4.04		27,924	422,236	4.87
合計		37	301	826,010	9,871,487	113.76	8,677,750	1,018,427	11,889,576	137.01

施策項目數量飽和度指標　　　施策項目執行力度指標

6-17 優秀案例

6-17-1 創作通用型量測治具

改善前

　　每個部品在型檢測定時，都需要製作專用的定位治具，避開部品突出部位，使部品在型檢時能水平定位，每部品製作3個專用治具，浪費龐大成本。

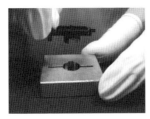  

改善思路

專用的定位治具其目的只是避開部品突出部位

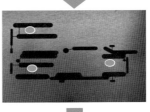

① 3點決定位置

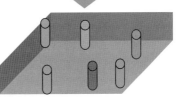

②可以用不同高度的頂針來定位嗎？

創新方法

①製作五向可調的定位頂針，依被測物的形狀，調整頂針與物件的接觸位置，達到定位效果。

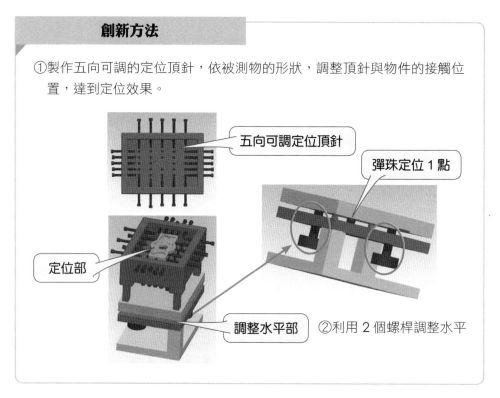

②利用 2 個螺桿調整水平

工作概念圖

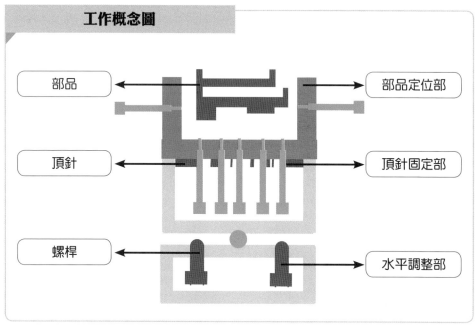

6-17-2　無人化測試檢查線

改善前

人工作業											
F/W 更新	熱機	EFA 60cm	EFA ∞	測試 -5	色彩 校正	4合一	自動 對焦	測試 -9	測試 -10	TV 解像	測試 -12

改善思路

發現人工作業的內容只是將相機通電和取放到測試台而已，如下圖示 ①②④、⑤⑥⑧。

①	②	③	④
EFA 60cm	插電源，插測試卡	放置相機，開機	自動調整EFA	關機，取卡，拔電源

⑤	⑥	⑦	⑧
色彩校正	插電源，插測試卡	放置相機，開機	自動調整色彩	關機，取卡，拔電源

如果能夠：
①讓相機不斷電
②讓相機自動移動到各測試站
③讓各測試站自動啟發測試

就可以實現

無人化測試檢查線

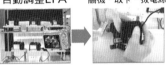

改善方法

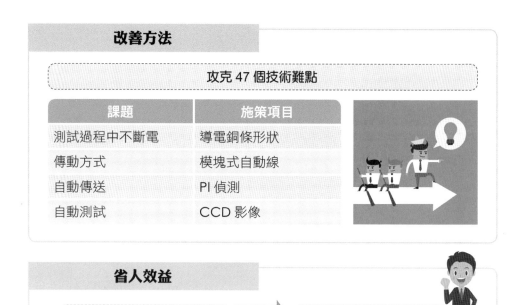

攻克 47 個技術難點

課題	施策項目
測試過程中不斷電	導電銅條形狀
傳動方式	模塊式自動線
自動傳送	PI 偵測
自動測試	CCD 影像

省人效益

改善前　8 人作業　　　　　　改善後　1 人作業

6-17-3　單線→多能化 CELL（細胞）

改善前　　　　　　　　　　改善後

改善思路

➤流程短縮化，減少取放次數
➤流程短縮化，減少搬運距離
➤一線兩流，增強員工競爭意識
➤運轉靈活，合理安排產量與加班

改善成果

人員　　共活人 5 人 *7 線 =35 人

面積　　共活面積 28.8 ㎡

○○機種運用多能化 CELL，將生產線與包裝線改為多能化，將組裝和檢查的部分由 1 條線變成 2 條線，高價格設備的部分，仍然維持 1 條線的構成。同時透過多能化的訓練減少取放、部品盒的縮小和堆疊、短縮距離、生產線的平衡等等改善活動，總計活人 35 人、活面積 28.8m² 的巨大成果。

6-17-4 包裝線多能化

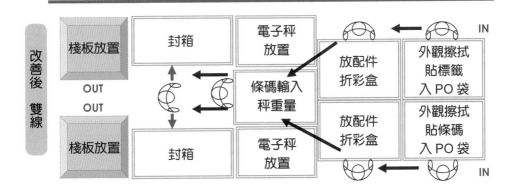

Aoo 包裝線改善前後流程圖

成果1——編成效率提升

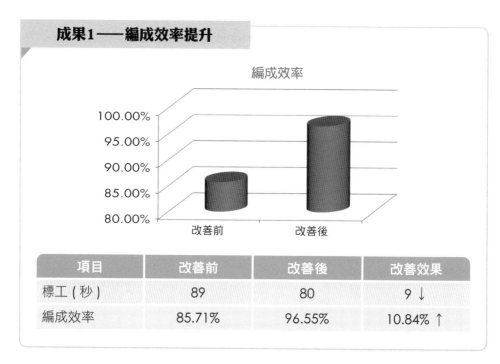

編成效率

項目	改善前	改善後	改善效果
標工 (秒)	89	80	9 ↓
編成效率	85.71%	96.55%	10.84% ↑

成果2——員工多能化

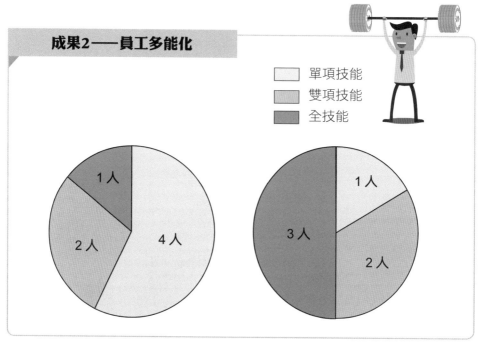

6-17-5 1 人 CELL

| 12 工程 8 人直線 CELL 作業 | 12 工程 1 人 CELL 作業，6 人完成生產 |

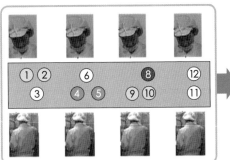 

	直線 CELL	1 人 CELL	比較
面積	15M^2	9M^2	40%
人員	12	7	36.8%
庫存	1.2 日	0.5 日	41%

6-17-6 差別化案例──二階段物流革新

狀況 ▶ 製品 16 機種、7 種顏色、30 個出貨地，共 155 個型號規格，備料困難

機種	顏色	出貨地

機種：
AXX
A8X
E1X
GXX
E8X
G2X
A7X
AX8
EXX
E1X
EX2
AX3
A09
E00
BXX
BX1

顏色：
黑
紅
銀
白
酒紅
粉紅
灰

出貨地：
WAL★MART
RadioShack Do Stuff
SHOPKO my life. my style. my store.
Sears
BON◆TON
Walgreens The Pharmacy America Trusts®
amazon.com.
HSN
TigerDirect.com
D&H
SYNNEX CORPORATION
Autronic ag
www.argos.co.uk Argos
QVC
MCC

①改善前的流程

(1) 指示

營業內示計畫只能提供明確的機種、數量，但型號規格不明

(2) 生產

前蓋 ➡ 本體 ➡ 組件 ➡ 主機板 ➡ 後蓋 ➡測試 1…➡ 測試 15

(3) 暫入庫

倉庫

為了承諾 7 天交期，
所以先生產到半成品放在倉庫

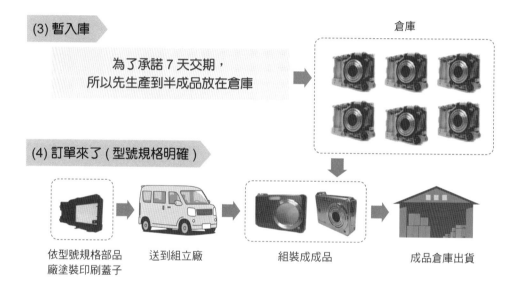

(4) 訂單來了 (型號規格明確)

依型號規格部品　　送到組立廠　　　　組裝成成品　　　成品倉庫出貨
廠塗裝印刷蓋子

(5) 問題點和改善動機

7 天的交貨期，只是依現狀的流程客戶不得不妥協的交期，並不是客戶真正
想要的，難道沒有辦法再縮短了嗎？

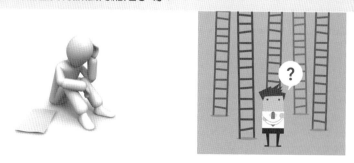

②從製衣行業獲得啟發

> 讓改變的部分放在越後面越好！衣服做好再染色

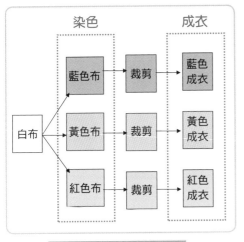
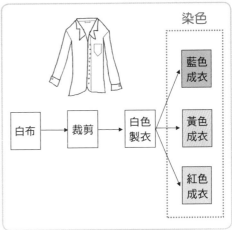

改善前

改善後

從接到訂單到出貨交期 7 天

從接到訂單到出貨交期 2 天

③第 1 階段改善：近接化

> 改善前　訂單來了才開始塗裝和印刷前蓋

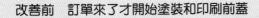

亮點　大膽的將印刷工作移到組立廠
實現蓋子先塗裝，送到組立廠
訂單來了，在組立廠印刷蓋子

289

②第 2 階段改善：印刷在線化 (in line)

改善 2：突破免烘烤的油墨，實現了先組裝，最後在相機上印刷

<table>
<tr><td rowspan="2">改善2</td><td>部品廠塗裝</td><td></td><td>成品組立</td><td>組立廠印刷</td><td>成品倉庫</td></tr>
<tr><td> 東莞　　深圳</td><td></td><td></td><td></td><td></td></tr>
</table>

改善後：從接到訂單到出貨交期2天

6-17-1　差別化案例 Q-TP—指差確認

①指差確認簡介

指差確認的來源

指差確認始創於日本，原為鐵路事業用的安全動作，即以手指指著物件及口誦確認、心手並用，以達成減少人為失誤導致意外的效果。

後來它廣泛用於不同範疇的事業，包括建造業、製造業、機電工程業等等

②指差確認所使用的動作

1. 眼：堅定注視要確認的目標
2. 臂及手指：伸展手臂，用食指指向要確認的目標
3. 口：高聲及清楚的呼喚 OK!
4. 耳：聆聽自己的呼喚

　　日本電車導入指差確認，實現了0事故，如果我們工程點檢也導入這種方法，那麼因為點檢失誤造成的不良也能做到0不良。

③指差確認用於包裝線

指差確認用於包裝線步驟-1

包裝工程 1. 當上一個出貨地的棧板投入完畢，由該工程員工打開紅色指示燈。

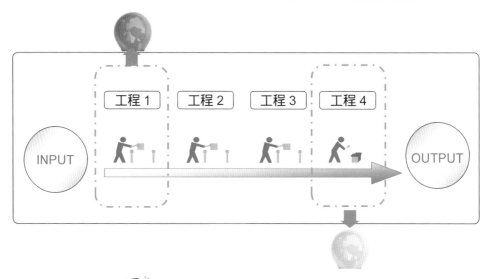

指差確認用於包裝線步驟-2

當上一個出貨地棧板的最後一台成品流至包裝最後一個工程，並包裝完畢，由該工程員工打開黃色指示燈，包裝線人員開始出貨地切換。

指差確認用於包裝線步驟-3

幹部進行指差確認：查核型號規格、數量。

幹部逐一工程進行指差確認

宣布包裝 GO!! 打開綠色指示燈，並確認 OK 後，由幹部

指差確認用於包裝線總結

●使用紅、黃 2 色指示燈，對包裝線進行切換管理
●對出貨地的包材進行型號規格和數量核對 OK 後，開綠燈開始作業

1. 紅燈點亮：表示上一個出貨地投入完畢

2. 黃燈點亮：表示下一個出貨地切換中

3. 綠燈點亮：表示幹部指差確認 OK，包裝進行中

指差確認成果展示

①
發生率0

包材錯誤、出貨地錯誤發生率 0

②
顧客滿意100%

包裝市場 0 抗議、客人滿意度 100%

③
可視化100%

避免包裝錯誤造成的重工損失 0、可視化 100%

1. 要今日事今日畢
2. 要訊息 100% 傳遞
3. 要 EQ 百分百
4. 講清楚聽明白，不可囫圇吞棗
5. 要重視過程和實績，以驗證對策的真實性
6. 要積極主動，做到自主管理
7. 要主動報告、多連絡、多商量
8. 要事先管理，務求萬無一失
9. 要成功，所以要找方法
10. 要做 5 次以上的確認

Chapter 7

C 材料事業部成功案例

7-1-1 產品介紹

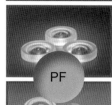

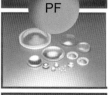

E-BAR

BALL

PF

棒材

1. 主要製程：硝材 (玻璃材料) 研發、熔解、切割、壓胚、回火、滾圓、滴下球、品質測試等工程。

2. 生產低溫光學玻璃的材料：包括玻璃板塊 (俗稱 E-BAR)、玻璃球 (俗稱 BALL)、毛胚 (俗稱 PF) 和棒材 (圓棒)。

3. 用途：光電產品的素材，例如：照相機、手機、車載、監視器⋯⋯等的鏡頭上。

4. 目標：開發與供應高性能的硝材：屈折率越高、分散率越低、比重越輕、熔點越低，讓後端光電產品的發展朝高性能、輕、薄、短、小、美觀⋯⋯等等做出貢獻。

7-1-2 TP 活動導入背景

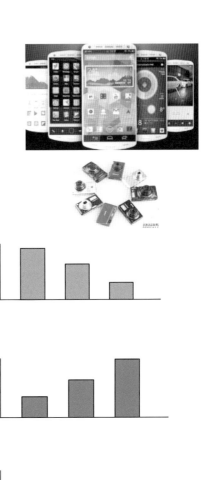

- 相機被智慧型手機取代，全球玻璃用量減少
- 大陸光學玻璃廠的崛起

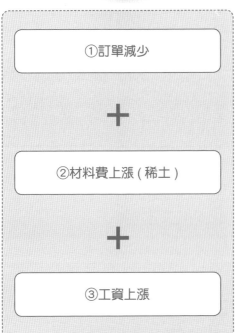

①訂單減少

+

②材料費上漲（稀土）

+

③工資上漲

作為製造團隊該怎麼辦？

在環境的衝擊下，我們重新啟動 TP 管理，以復元課題和尋找課題為主軸，勵行 TP 管理，包含 C-TP、M-TP，謀求事業部毛利確保 15% 以上。

運作體制 4 大重點

① 追求看得見的事前管理：目標展開、施策展開在年底完成

一年之計在於去年底，在年底就將新年度的目標展開、施策展開、實施計畫、效果預估、貢獻率全部展開完畢，預估貢獻率 (施策項目飽和度指標) 要達到 100%，徹徹底底的實行事前管理。

② 舉行目標宣誓大會：激勵士氣

新年度第一週舉行達成目標宣誓，因為讓部下提起幹勁的方法有三：第一、創造動機 (自訂施策)；第二、公開表態 (目標宣誓)；第三、外在動機 (達成時的獎勵)。宣誓完畢後，由事業部長致詞勉勵並告知達成目標的獎勵，此時員工的心裡早就沸騰了，上上下下充滿了鬥志。

③ 實績管理：施策項目執行力度指標確認

TP 實績定例會用來確認和討論課長級別以上的實績進度，必要時要設法追加施策。自主改善活動報告會是管控主任、線長級和儲幹級別的進度，並適時的提供支援和教育 (OJT)。

④ 管理揭示看板：實行看得見的管理

看板管理的功能太多了，本書主要列舉三個：

- 因為看得見，所以容易發現問題，逐一解決問題是執行力的表現。
- 個人間、部門間也可以藉看板的內容，相互觀摩、相互學習，激發良性競爭，加強使命感和責任感。
- 主管巡迴時，重點巡迴指導的項目。

TP 管理運作體制（主計畫表）

主項目		管理表單	會議議控	N年 10	N年 11	N年 12	N+1年 1	2	3	4	5	6	7	8	9	10	11	12
目標展開	事業部目標	事業部方針和 TP 目標	目標設定會議	△	△	△												△
	目標展開	展開到課級 TP 目標			△	△											△	△
		再展開到區.線級別目標			△	△											△	△
施策展開	區.線	區.線施策項目一覽表			△	△		△									△	△
		區.線貢獻率表			△	△		△									△	△
	課	課施策項目一覽表	宣誓大會	△	△	△		△									△	△
		課貢獻率表			△	△		△									△	△
	事業部	事業部施策項目一覽表			△	△		△									△	△
		事業部貢獻率表			△	△		△									△	△
	基、中、高層	宣誓大會					△											
進度（實績）管理	高層	事業部實績報告	TP 實績定例會	△				△	△	△	△	△	△	△	△	△	△	△	△
		課（部）報告				△	△	△	△	△	△	△	△	△	△	△	△	△
	中基層	主任報告	自主改善活動報告會	△				△	△	△	△	△	△	△	△	△	△	△
		線長報告																
		儲幹報告																
		評價表																
	基、中、高層	年終成果發表會																△
管理揭示看板		各階層管理看板	職場巡迴															△

（追加施策）

7-3 目標展開的實例

7-3-1 董事長提出方針

根據目標展開的原理原則
首先是董事長提出方針
接下來總經理將方針轉換成具體的 KPI 目標

```
┌─────────────────────┐
│  OO 年度董事長方針   │
└─────────────────────┘

1. 挑戰 3,000
2. 全面革新
3. 百年 OOO
4. 員工的 ……
```

```
┌─────────────────────┐
│   OO 總經理方針      │
└─────────────────────┘

1. 展開總合革新
2. 組織重組合併整合
3. 充實垂直起步能力
4. 相互觀摩、相互支援
```

將方針轉換成

	目標專案	目標值
W-TP	庫存 / 營業額	50% DOMN
	周轉天數	50% DOWN
Q-TP	損品率	20% DOWN
	退貨率	20% DOWN
C-TP	毛利	達成預算
	作業 PF	95% 以上
	輔耗材	20% DOWN

具體的 KPI目標

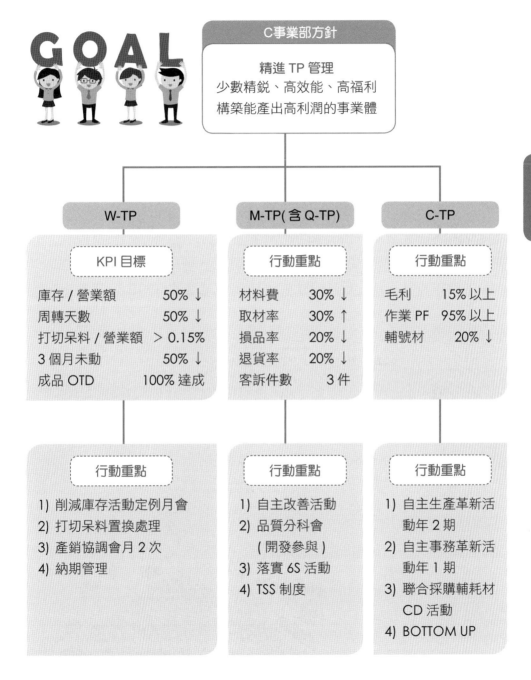

C事業部方針

精進 TP 管理
少數精銳、高效能、高福利
構築能產出高利潤的事業體

W-TP

KPI 目標

庫存 / 營業額	50% ↓
周轉天數	50% ↓
打切呆料 / 營業額	> 0.15%
3 個月未動	50% ↓
成品 OTD	100% 達成

行動重點

1) 削減庫存活動定例月會
2) 打切呆料置換處理
3) 產銷協調會月 2 次
4) 納期管理

M-TP(含 Q-TP)

行動重點

材料費	30% ↓
取材率	30% ↑
損品率	20% ↓
退貨率	20% ↓
客訴件數	3 件

行動重點

1) 自主改善活動
2) 品質分科會
   (開發參與)
3) 落實 6S 活動
4) TSS 制度

C-TP

行動重點

毛利	15% 以上
作業 PF	95% 以上
輔號材	20% ↓

行動重點

1) 自主生產革新活動年 2 期
2) 自主事務革新活動年 1 期
3) 聯合採購輔耗材 CD 活動
4) BOTTOM UP

7-3-3 事業部 KPI 目標轉成 TP 目標

為了達成事業部的 KPI 目標，進一步轉換成 TP 目標，轉換方法如下所示：

數據為範例
單位：RMB

①事業部總合 TP 目標

TP總CD金額目標＝2013年預算營業額×毛利進步率

項目	2012 年實績	占營業額比率	2013 年預算	占營業額比率	進步率	CD 金額
營業額	32,500,058		32,449,891			
毛利	485,210	1.49%	5126,135	15.80%	**14.30%**	**4,641,764**
毛利率	1.49%		15.80%			

毛利從 1.49% 要爬升到 15.8%，那麼最少要進步 14.30%，毛利進步率×2013 年營業額預算 32,449,891 ＝ 4,641,764，就是 2013 年事業部整體必須達成的 CD 金額目標。

② TP 目標展開 / 區分成 C-TP、M-TP

設定事業部C-TP、M-TP CD金額目標

目標值設定先採用一律下降 15%，然後再依下列觀點做調整：

(1) 構成比率　　構成比率大的多分配一些

(2) 容易性　　施策項目多的多分配一些

(3) 理論性　　誰來都認為應該可多分一些的，就多分一些

(4) 對比　　和類似職場比，比較遜色的要多分一些

項目	2012 年實績	占營業額比率	2013 年預算	占營業額比率	進步率	CD 金額
營業額	32,500,058		32,449,891			
製造費 (C-TP)	11,810,319	36.34%	10,543,254	32.49%	3.85%	1,248,835
材料費 (M-TP)	20,204,618	62.17%	16,780,502	51.71%	10.46%	3,392,929
毛利	485,210	1.49%	5,126,135	15.80%	14.30%	4,641,764
毛利率	1.49%		15.80%			

製造費 C-TP 為 12,48,835；材料費 M-TP 為 3,392,929。

7-3-4 C-TP 目標展開到課級目標

各課C-TP的CD金額＝2013年預算營業額X成本進步率

項目	A 課	B 課	C 課	D 課	E 課	合計
2012 年製造費實績	3,920,560	5,819,365	504,680	963,204	602,510	11,810,319
2012 年成本率	12.06%	17.91%	1.55%	2.96%	1.85%	36.34%
2013 年製造費預算	2,930,255	5,710,570	493,756	904,511	504,162	10,543,254
2013 年預算成本率	9.03%	17.60%	1.52%	2.79%	1.55%	32.49%
進步率	3.03%	0.31%	0.03%	0.17%	0.03%	3.85%
C-TP 目標金額	984,253	99,812	10,145	57,206	97,418	1,248,835
比重	78.81%	7.99%	0.81%	4.58%	7.80%	100%

7-3-5 M-TP 目標展開到課級目標

M-TP 目標展開給課級單位時區分成二種狀況：

① 現場直接單位以降低材料 kg 數為目標 (kg 數容易管理)，例如：創新工藝讓取材率提升，因而可以降低投入的 kg 數。

② 間接單位以降低材料費用為目標，例如：購買單價降低、開發配方調整。

①現場直接單位以取材率的進步率×預算材料投入kg

項目	A 課	B 課	合計
2013 年降低材料 kg 數	5,069kg	4,261kg	9,330kg

平均單價 150 RMB/kg

②間接單位以承接的KPI進步率×預算材料費

項目	C	D	E	F	合計
M-TPCD 金額	150,421	723,018	650,000	700,000	2,223,439
占營業額比率	0.46%	2.23%	2%	2.16%	6.85%
比重	4.43%	21.31%	19.16%	20.63%	65.53%

①＋②＝ 3,622,939 大於事業部目標 3,392,929

7-3-6 整理成全體目標展開圖

從這張表可以看到有效整合個人及團隊的整體目標，也釐清企業組織與部門及個人目標的關聯性。

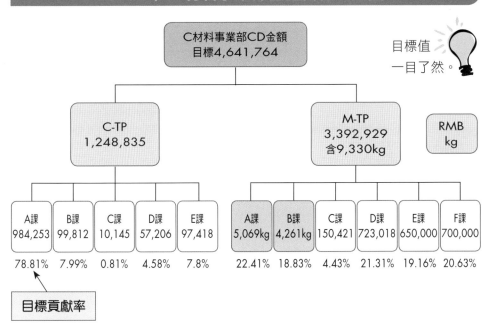

2013 年 C 材料事業部全體目標展開圖

C材料事業部CD金額
目標4,641,764

目標值
一目了然。

C-TP
1,248,835

M-TP
3,392,929
含9,330kg

RMB
kg

A課	B課	C課	D課	E課
984,253	99,812	10,145	57,206	97,418
78.81%	7.99%	0.81%	4.58%	7.8%

A課	B課	C課	D課	E課	F課
5,069kg	4,261kg	150,421	723,018	650,000	700,000
22.41%	18.83%	4.43%	21.31%	19.16%	20.63%

目標貢獻率

7-3-7 再第 3 次展開目標到區或線（組）長

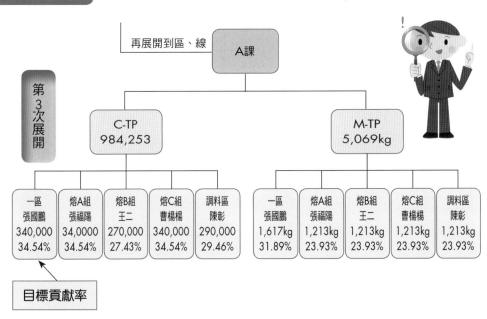

再展開到區、線

A課

第 3 次展開

C-TP
984,253

M-TP
5,069kg

一區 張國鵬	熔A組 張福陽	熔B組 王二	熔C組 曹楊楊	調料區 陳彰
340,000	34,0000	270,000	340,000	290,000
34.54%	34.54%	27.43%	34.54%	29.46%

一區 張國鵬	熔A組 張福陽	熔B組 王二	熔C組 曹楊楊	調料區 陳彰
1,617kg	1,213kg	1,213kg	1,213kg	1,213kg
31.89%	23.93%	23.93%	23.93%	23.93%

目標貢獻率

施策展開是 TP 管理最重要的一環，施策項目的量與質決定目標能否達成的關鍵，施策項目的量與質取決於員工的態度和能力。

7-4-1 戰術和活動內容

為了改變員工的態度和能力，施策展開採用 BOTTOM UP 方式，它具有雙層的意義。

> 第 1：施策展開由下往上，員工因參與而產生三感 (責任感、使命感、成就感)，讓員工在非常明朗、快樂、自信的工作氣氛中工作，idea 不斷的產生。

> 第 2：為了讓基盤實力提升，由各級主管當領頭羊，不斷投入實技訓練，讓員工的能力大幅度的提升，差別化的施策項目，自然源源產生。

1 位儲備幹部入社 2 年後，他提的現場改善見解跟主管差不多，與其自己做，倒不如讓他做。

激勵士氣最有效的方法是讓他不斷的成長

施策展開的思維和戰術

根據施策展開 Bottom Up 方式，一面培育員工，一面讓員工參與的思維，擬定了 3 大戰術展開施策，就是再一次鍛鍊基本功 2 知 3 巧和推進生產革新、事務革新來獲取大量的施策項目。

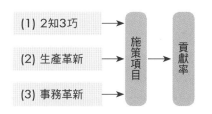

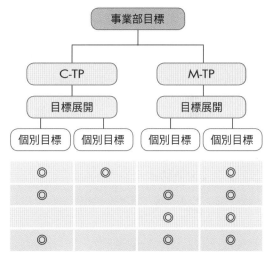

扮演學員練習四階段法

講師在旁邊指導

學員扮演指導者練習四階段法

四步教學法

戰術1 重新鍛練基本功2知3巧 (基層幹部必備的5項技能)

2知

①工作的知識：
  a. 職務的專業知識
  b. 品質的知識

1) 參加事業部新人教育訓練
2) 多能化教育
3) 自主改善活動

②職責的知識：
  a. 報告、連絡書寫的知識
  b. 與上、下、左、右商談的知識
  c. 各階層的責任與權限

1) 參加集團人資開辦的課程
2) 新人訓練 - 階層別訓練
3) 職能別訓練 - 自我發展

3巧

① TWI-JI(JOB INSTRUCTION)：教導的技巧
  又稱為四步教學法

② TWI-JM(JOB METHOD)：工作改善的技巧

③ TWI-JR(JOB RELATION)：領導的技巧

研修

一期 8 人 / 每期 12.5hr / 年 5 期 / 儲幹以上必修

戰術2　力行生產革新活動

目的

達成 N+1 年 C-TP 施策金額
達成 N+1 年 M-TP 施策金額
培育革新能手 20 人

目標宣言

小組名稱 烈焰		課長 承認	小組長	組員	組員	組員	組員
		王 ○○	羅 ○○	張 ○○	徐 ○○	周 ○○	馬 ○○
宣言	項目	C-TP 目標		M-TP 目標		結業人數	
	目標	500,000RMB		3,000KG		5	
實績	1 回	98,000		500			
	2 回	130,000		1,200			
	3 回	120,000		1,000			
	4 回	182,000		500			
合計		530,000		3,200		5	
實績 - 目標		30,000		200		0	

第二期生產革新活動日程計畫

時段	時長(分)	1回	2回	3回	4回	最終回
8:00~8:50	50	士氣訓練	士氣訓練	士氣訓練	士氣訓練	士氣訓練
9:00~9:30	30	開訓儀式	發表練習	發表練習	發表練習	發表練習
9:30~10:00	30	指導員學員介紹、生產革新活動計畫說明	1回總結	2回總結	3回總結	4回總結
10:00~12:00	120	座學 意識改造 座學 革新概念 職場巡迴	座學 三現主義 座學 排除浪費 職場巡迴	座學 防錯法 座學 定點取放 職場巡迴	座學 削減庫存 座學 JIT概念 職場巡迴	發表準備 職場巡迴
13:00~15:00	120	現場改善	現場改善	現場改善	現場改善	現場改善
15:00~16:00	60	發表練習	發表練習	發表練習	發表練習	個人發表 總合發表
16:00~16:30	30	目標宣言	2回小結	3回小結	4回小結	頒獎
16:30~17:00	30	R&Q	R&Q	R&Q	R&Q	結業式

戰術3　力行事務革新活動

目的

・減少間接人員
・排除事務浪費
・多能化

目標宣言

項　　目		單位	BM 值	累計目標	累計	第一回合	第二回合	第三回合	第四回合
綜合目標	活間接人員	人	8	2	目標	8	7	7	6
					實績	7.5	7	7	6
					差異	0.5	0	0	0
分項目標	事務人員工作廢除	人	0.6	0	目標	0.4	0.3	0.2	0
					實績	0.4	0.3	0.2	0
					差異	0	0	0	0
	多能工	%	15%	35%	目標	20%	25%	30%	35%
					實績	22%	27%	30%	40%
					差異	0	2%	0%	5%
	課長現場工作	%	20%	30%	目標	25%	27%	29%	30%
					實績	33%	32%	32%	32%
					差異	8%	5%	3%	2%
	主任現場工作	%	30%	45%	目標	33%	36%	39%	45%
					實績	40%	39%	40%	45%
					差異	7%	3%	1%	0%
	線長現場工作	%	50%	60%	目標	53%	56%	59%	60%
					實績	70%	65%	65%	65%
					差異	17%	9%	6%	5%

第一期事務革新活動日程計畫

時段	時長(分)	1回	2回	3回	4回	最終回
8:00~8:50	50	士氣訓練	士氣訓練	士氣訓練	士氣訓練	士氣訓練
9:00~9:30	30	開訓儀式	發表練習	發表練習	發表練習	發表練習
9:30~10:00	30	指導員學員介紹．生產革新活動計畫說明	座學 發掘浪費	座學 業務盤點法	座學 如何進行整理	總合發表
10:00~12:00	120	座學 事務革新概念／座學 看板功能／職場巡迴	座學 5S管理／1回總結／職場巡迴	座學 個人作業分析／2回總結／職場巡迴	座學 KJ法／3回總結／職場巡迴	4回總結
13:00~15:00	120	職場巡迴	現場改善	現場改善	現場改善	發表準備
15:00~16:00	60	發表練習	發表練習	發表練習	發表練習	個人發表
16:00~16:30	30	目標宣言／1回小結	2回小結	3回小結	4回小結	頒獎
16:30~17:00	30	R&Q	R&Q	R&Q	R&Q	結業式

	活動內容	對象	頻度	集團	自辦
			施策展開活動內容彙總		
1	2知3巧幹部研修	儲幹以上	一期8人/12.5時/派出參訓	△	
2	生產革新	儲幹以上	一期10人/3個月/年2期		△
3	事務革新	儲幹以上	一期10人/3個月/年2期		△
4	品質分科會	變形小組	週一次		△
5	差別化技術研討會	差別化小組	週一次		△
6	事業部內TP經管會	課長以上	月一次		△
7	自主改善活動報告會	儲幹~主任	月一次		△
8	滾動實行預算	預算事務局	月多次		△
9	各階層日結管理	課長以上	日一次		△

7-4-2 活動剪影

士氣訓練

士氣對抗

職場巡迴

施策討論

座學

革新講師

現場改善

現場改善

革新發表

長官點評

發表出場

頒發證書

7-4-3 彙總施策項目和貢獻率（從下而上）

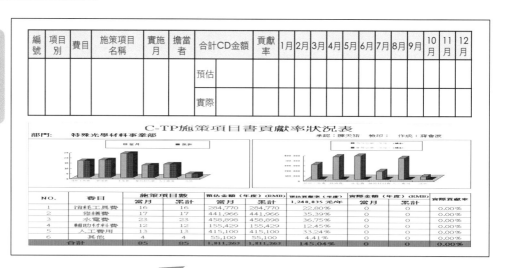

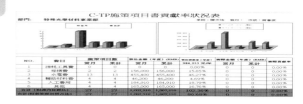

Bottom Up
的施策項目

課別

區、線

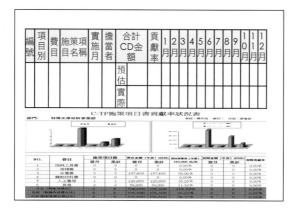

7-4-4　事業部 C-TP 施策項目一覽表實例

① 圖示是事業部詳細的 C-TP 施策項目一覽表的實例，主要內容有項目別、會計科目、管理編號、施策項目、實施月份、擔當者、運用手法、合計 CD 金額和貢獻率。

② 特別要說明的是合計 CD 金額和貢獻率區分成預估和實績二列，以便管控進度是否準時、超前？或是落後？

③ 本實例列舉施策項目的時間點是在年初第一週的目標宣誓大會用的，所以合計金額只有預估的欄位。

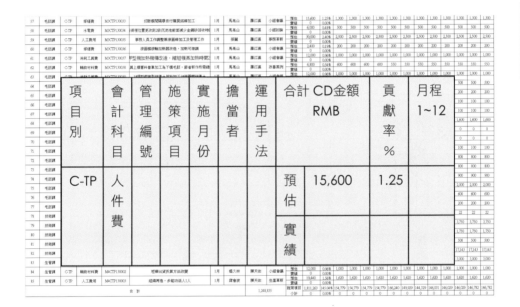

項目別	會計科目	管理編號	施策項目	實施月份	擔當者	運用手法	合計 CD金額 RMB		貢獻率 %	月程 1~12
C-TP	人件費						預估	15,600	1.25	
							實績			

C-TP 施策項目85項
預估施策金額
1,811,263RMB

7-4-5 事業部 C-TP 貢獻率表實例

下圖所示為事業部 C-TP 貢獻率表，預估貢獻率 (施策項目飽和度指標) 已達到 145.04%，説明尋找的施策項目很充足，在新年度只要忠實的去執行，100% 的面積目標垂手可得，在目標宣示大會時，標竿企業對預估貢獻率的要求是以超過 100% 為目標。

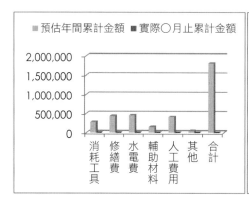

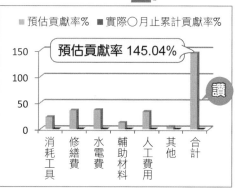

NO.	費目	施策項目數		預估金額(RMB)		預估貢獻率(年度)%	年度目標金額	實際金額(RMB)		○月止累計實際貢獻率%
		當月	累計	當月	累計(年度)			當月	累計	
1	消耗工具	16	16	284,770	284,770	23		0	0	0
2	修繕費	17	17	441,966	441,966	35.39		0	0	0
3	水電費	23	23	458,898	458,898	36.75		0	0	0
4	輔助材料	12	12	155,429	155,429	12.45		0	0	0
5	人工費用	13	13	415,100	415,100	33.24		0	0	0
6	其他	4	4	55,100	55,100	4.41		0	0	0
	合計	85	85	1,811,263	1,811,263	145.04	1,248,835	0	0	0

施策項目數量飽和度指標

7-4-6 事業部 M-TP (RMB) 施策項目和貢獻率

下圖所示為事業部 M-TP (RMB) 貢獻率表，預估貢獻率 (施策項目飽和度指標) 已達到 106.15%，説明尋找的施策項目剛剛好足夠。

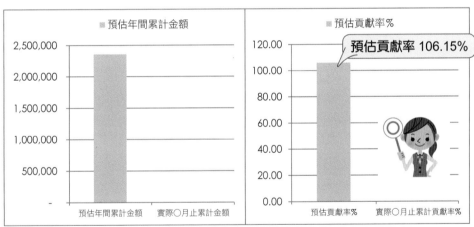

NO.	費目	施策項目數		預估金額(RMB)		預估貢獻率(年度)%	年度目標金額	實際金額(RMB)		○月止累計實際貢獻率%
		當月	累計	當月	累計(年度)			當月	累計	
1	材料費(RMB)	24	24	2,360,177	2,360,177	106.15		0	0	0
	合計	24	24	2,360,177	2,360,177	106.15	2,223,439	0	0	0

施策項目數量飽和度指標

7-4-7　事業部 M-TP(kg) 施策項目和貢獻率

下圖所示為事業部 M-TP (kg) 貢獻率表，預估貢獻率 (施策項目飽和度指標) 已達到 111.01%，説明尋找的施策項目剛剛好足夠。

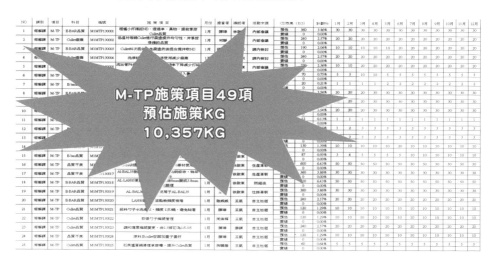

M-TP施策項目49項
預估施策KG
10,357KG

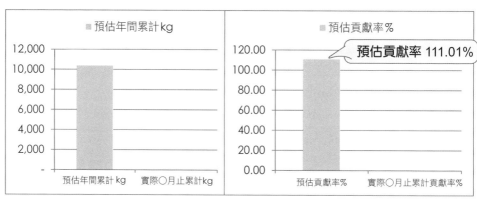

費目	施策項目數		預估降低(kg)		預估貢獻率 (年度)%	年度目標 kg	實際降低(kg)%	
	當月	累計	當月	累計(年度)			當月	累計
材料費 (kg)	49	49	10,357	10,357	111.01		0	0
合計	49	49	10,357	10,357	111.01	9,330	0	0

施策項目數量飽和度指標

7-4-8 宣誓大會

　　施策展開完成後，新年度第一週舉行 TP 管理目標宣誓大會，由每一位上台報告目標設定值和達成目標的施策項目、方法，事業部長要公布達成目標時的獎勵辦法。

2013 年度 TP 管理目標宣誓大會

事業部長要公布達成目標時的獎勵辦法。

一年之計在於去年底,找出來的施策項目預估貢獻率(施策項目數量飽和度指標)達到 100% 以上,新年度就要徹底的執行施策項目,否則縱令施策項目質量 100,若執行力度只有 30 的話,那成果也就只有 30,太可惜了。我們運用 TP 實績定例會確認課長以上的執行力度指標,運用自主改善活動報告會管控中基層級別的執行力度指標。

實績管理
(事業部、課級、區級)

7-5-1 事業部的實績管理

7-5-2 課級別的實績管理

7-5-3 主任 / 線長 / (儲幹) 級別的實績管理

目　的

· 忠實的執行
· 徹底的執行
· 因應措施

進度(實績)管理	高層	事業部實績報告		TP 實績定例會
		課 (部) 報告		
	中基層		主任報告	自主改善活動報告會
			線長報告	
			儲幹報告	
			評價表	
		年終成果發表會		

施策項目數量飽和度指標 100× 執行力度指標 30= 成果 30

①事業部 C-TP 施策項目一覽表

　　下表所示為事業部到 3 月底為止的 C-TP 施策項目一覽表，3 月份新增的施策項目數有 7 件，累計 92 件，這 92 件的預估年間的 CD 金額有 1,867,063RMB。

63	毛胚課	C-TP	修緒費	MJCTP130036	澆冒口澆道加緊器改造，加熱可傾銷	1月	馬志山	羅江漢	小組會議	預估	2,400	0.19%	200	200	200	200	200	200	200	200	200	200	200	200
										實估	600	0.05%	200	200	200									
64	毛胚課	C-TP	消耗工具費	MJCTP130037	甲型模加熱機構改造，縮短模具加熱時間	1月	馬志山	羅江漢	改善案例	預估	12,000	0.96%	1,000	1,000	1,000	1,000	1,000	1,000	1,000	1,000	1,000	1,000	1,000	1,000
										實估	3,000	0.24%	1,000	1,000	1,000									
65	毛胚課	C-TP	輔助材料費	MJCTP130038	具上模質料專業加工為下模毛坯，節省鬥件所需建	1月	馬志山	羅江漢	改善案列	預估	6,800	0.54%	600	600	600	550	550	550	550	550	550	550	550	550
										實估	1,800	0.14%	600	600	600									
66	毛胚課	C-TP	消耗工具費	MJCTP130039	1#甲型樹脂砂硬化土用於加工3#砂箱樹脂硬土	1月	馬志山	羅江漢	小組會議	預估	12,000	0.96%	1,000	1,000	1,000	1,000	1,000	1,000	1,000	1,000	1,000	1,000	1,000	1,000
										實估	3,000	0.24%	1,000	1,000	1,000									
67	毛胚課	C-TP	修繕費	MJCTP130040	土穴內雜管清理改善；用潒勺手動清理代	1月	馬志山	羅江漢	小組會議	預估	6,000	0.48%	500	500	500	500	500	500	500	500	500	500	500	500
										實估	1,500	0.12%	500	500	500									
68	毛胚課	C-TP	修繕費	MJCTP130041	1#甲型機構內溫迴線鋼內鋼質	1月	馬志山	羅江漢	小組會議	預估	2,400	0.19%	200	200	200	200	200	200	200	200	200	200	200	200
										實估	600	0.05%	200	200	200									
69	毛胚課	C-TP	修繕費	MJCTP130042	鍋建槽改善；由原先1個，索託機加加工3	1月	馬志山	羅江漢	小組會議	預估	1,200	0.10%	100	100	100	100	100	100	100	100	100	100	100	100
										實估	300	0.02%	100	100	100									
70	毛胚課	C-TP	修繕費	MJCTP130043	乳澆口孔火嘴使用鐵改加工法為5月的2#	1月	馬志山	羅江漢	小組會議	預估	1,200	0.10%	100	100	100	100	100	100	100	100	100	100	100	100
										實估	300	0.02%	100	100	100									
71	毛胚課	C-TP	人工費用	MJCTP130044	靜電多能工一人，多工程防動，效果提一人	1月	豐堯	羅江漢	浪費挑除	預估	19,200	1.54%	1,600	1,600	1,600	1,600	1,600	1,600	1,600	1,600	1,600	1,600	1,600	1,600
										實估	4,800	0.38%	1,600	1,600	1,600									
72	毛胚課	C-TP	消耗工具費	MJCTP130045	氣動研磨機購買多家廠商見樣，選择性价比較高产	1月	豐堯	羅江漢	防範法	預估	25,000	2.00%	5,000	5,000	5,000	5,000	5,000	0	0	0	0	0	0	0
										實估	15,000	1.20%	5,000	5,000	5,000									
73	毛胚課	C-TP	消耗工具費	MJCTP130046	140鋸片刃片圆内焊縫試用，減少外購費	1月	豐堯	羅江漢	防範法	預估	12,000	0.96%	2,000	2,000	2,000	2,000	0	0	0	0	0	0	0	0
										實估	6,000	0.48%	2,000	2,000	2,000									
74	毛胚課	C-TP	消耗工具費	MJCTP130047	130鋸石刃片圆内焊縫試用，減少外購費	1月	豐堯	羅江漢	防範法	預估	12,600	1.01%	2,000	2,000	2,000	2,000	2,000	0	0	0	0	0	0	0
										實估	6,000	0.48%	2,000	2,000	2,000									
75	毛胚課	C-TP	修繕費	MJCTP130048	其下極增長2MM,提升極具利用次數（保修	1月	馬志山	羅江漢	小組會議	預估	9,600	0.77%	800	800	800	800	800	800	800	800	800	800	800	800
										實估	2,400	0.19%	800	800	800									
76	毛胚課	C-TP	修繕費	MJCTP130049	別溫繰國內購買（進口：900元/支），國內(	1月	馬志山	羅江漢	小組會議	預估	9,600	0.77%	800	800	800	800	800	800	800	800	800	800	800	800
										實估	2,400	0.19%	800	800	800									
77	毛胚課	C-TP	輔助材料費	MJCTP130050	鍋铲進土長度選擇方式改變，減少篩車堵疏鍋道土	1月	吳科科	蔡維程	調內會議	預估	10,800	0.86%	900	900	900	900	900	900	900	900	900	900	900	900
										實估	2,700	0.22%	900	900	900									
78	毛胚課	C-TP	人工費用	MJCTP130051	壓型機測溫線安裝使過玻璃受整均勻，提升作業效	1月	吳科科	羅江漢	小組會議	預估	24,000	1.92%	2,000	2,000	2,000	2,000	2,000	2,000	2,000	2,000	2,000	2,000	2,000	2,000
										實估	6,000	0.48%	2,000	2,000	2,000									
79	毛胚課	C-TP	水電費	MJCTP130052	壓H,IOL鍋材N4相同壓型材集中型型降活動台等待時	1月	王德華	羅江漢	小組會議	預估	7,200	0.58%	600	600	600	600	600	600	600	600	600	600	600	600
										實估	1,800	0.14%	600	600	600									
80	毛胚課	C-TP	水電費	MJCTP130053	-ND區分5隔以內，合併租機、碼量、碼壓，提升	1月	楊成風	豐堯	浪費挑除	預估	2,400	0.19%	200	200	200	200	200	200	200	200	200	200	200	200
										實估	600	0.05%	200	200	200									
81	毛胚課	C-TP	修繕費	MJCTP130054	鋼凹筋凸A上提土機樑（蕊心輪增加出料導降低燒底	3月	洪德津	吳科科	防範法	預估	7,800	0.62%			780	780	780	780	780	780	780	780	780	780
										實估	780	0.06%			780									
82	毛胚課	C-TP	消耗工具費	MJCTP130055	具室一鍋板圈塗上模模真回收再利用鍋換具于備毛	3月	吳科科	羅江漢	改善案例	預估	7,700	0.62%			700	700	700	700	700	700	700	700	700	700
										實估	700	0.06%			700									
83	毛胚課	C-TP	消耗工具費	MJCTP130056	砂車刀具在定定溝少具具料塞底坪搬修，提升力度	3月	許俊豪	吳科科	三定管理	預估	2,000	0.16%			200	200	200	200	200	200	200	200	200	200
										實估	200	0.02%			200									
84	毛胚課	C-TP	人工費用	MJCTP130057	縮料上每個鍋字的重量，節省時間，防止員工查傷什	3月	張輝	罗江汉	浪費挑除	預估	9,000	0.72%			900	900	900	900	900	900	900	900	900	900
										實估	900	0.06%			900									
85	技術課	C-TP	修繕費	MJCTP130001	CNC降水電管	1月	何醇	廉维政	改善提案	預估	264	0.02%	22	22	22	22	22	22	22	22	22	22	22	22
										實估	66	0.01%	22	22	22									
86	技術課	C-TP	消耗材料費	MJCTP130002	COB腹膜 冶具改善	1月	何醇	廉维政	改善提案	預估	45,000	3.61%	3,750	3,750	3,750	3,750	3,750	3,750	3,750	3,750	3,750	3,750	3,750	3,750
										實估	11,250	0.90%	3,750	3,750	3,750									
87	技術課	C-TP	修繕費	MJCTP130003	空壓機試 電改善	1月	何醇	廉维政	改善提案	預估	21,000	1.68%	1,750	1,750	1,750	1,750	1,750	1,750	1,750	1,750	1,750	1,750	1,750	1,750
										實估	5,250	0.42%	1,750	1,750	1,750									
88	技術課	C-TP	修繕費	MJCTP130004	TP 研磨機 電改善	1月	江羅群	廉维政	改善提案	預估	6,000	0.48%	500	500	500	500	500	500	500	500	500	500	500	500
										實估	1,500	0.12%	500	500	500									
89	技術課	C-TP	修繕費	MJCTP130005	粗鍍內碎材質 更換	1月	廉维欣 何醇	廉维政	改善提案	預估	205,716	16.47%	17,143	17,143	17,143	17,143	17,143	17,143	17,143	17,143	17,143	17,143	17,143	17,143
										實估	51,429	4.12%	17,143	17,143	17,143									
90	生管課	C-TP	輔助材料費	M4CTP130001	批出貨預數量多出100-300PCS，增加出貨銷售金	1月	潘维布	陳天也	小組會議	預估	36,000	2.88%	3,000	3,000	3,000	3,000	3,000	3,000	3,000	3,000	3,000	3,000	3,000	3,000
										實估	9,000	0.72%	3,000	3,000	3,000									
91	生管課	C-TP	輔助材料費	M4CTP130002	優化料 改善方法改善	1月	楊乃林	陳天也	生產革新	預估	12,000	0.96%	1,000	1,000	1,000	1,000	1,000	1,000	1,000	1,000	1,000	1,000	1,000	1,000
										實估	3,000	0.24%	1,000	1,000	1,000									
92	生管課	C-TP	人工費用	M4CTP130003	組織再造，多能功法人1人	1月	薛書豪	陳天也	生產革新	預估	19,440	1.56%	1,620	1,620	1,620	1,620	1,620	1,620	1,620	1,620	1,620	1,620	1,620	1,620
										實估	4,860	0.39%	1,620	1,620	1,620									
合　計							1,243,835			施策項目	1,867,063	149.50%	154,979	154,979	160,459	160,459	171,920	155,409	149,809	151,511	151,509	151,509	152,262	152,262
										小計	470,416	37.67%	154,979	154,979	160,459	0	0	0	0	0	0	0	0	0

3月新增施策項目7件
C-TP施策項目累計92件
預估年間CD金額：1,867,063RMB

②事業部 C-TP 實績貢獻率表

下表所示為事業部到 3 月底為止的 C-TP 實績貢獻率表，施策項目數量飽和度指標還在增加，從宣誓大會時的 145.04% 又增加到 149.50%，3 月底為止的執行力度指標 37.67%，比目標 25% 超前進度。

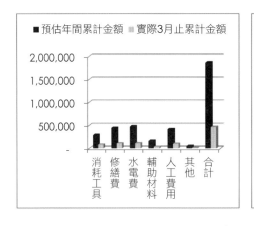

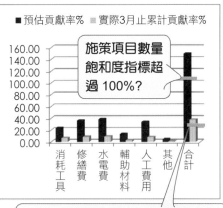

施策項目數量飽和度指標超過 100%?

3 月止執行力度指標有超過 25%?

NO.	費目	施策項目數		預估金額(RMB)		預估貢獻率(年度)%	年度目標金額	實際金額(RMB)		3 月止累計實際貢獻率%
		當月	累計(年度)	當月	累計(年度)			當月	累計	
1	消耗工具	2	18	9,000	293,770	23.52		29,498	86,693	6.94
2	修繕費	1	18	7,800	449,766	36.01		37,611	111,272	8.91
3	水電費	2	25	20,000	479,898	38.43		40,058	116,174	9.30
4	輔助材料	1	13	10,000	165,429	13.25		13,210	37,630	3.01
5	人工費用	1	14	8,000	423,100	33.88		35,583	105,147	8.42
6	其他	0	4	0	55,100	4.41		4,500	13,500	1.08
	合計	7	92	54,800	1,867,063	149.50	1,248,835	160,460	470,416	37.67

施策項目數量飽和度指標　　施策項目執行力度指標

貢獻率表說明

從左邊往右邊，一項一項看

- 3月新增施策件數有7件/累計件數92件。
- 3月新增的預估金額為54,800RMB。
- 累計預估金額增加到1,867,0630RMB。
- 預估貢獻率為149.50%，遠遠超過100%，可放心。
- 3月新增的實際金額為160,460RMB。
- 累計的實際金額為470,416RMB。
- 截止到3月實際貢獻率37.67%，大於標準25%，遠遠超前。

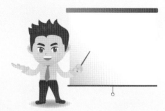

③ 事業部 M-TP(RMB) 施策項目一覽表

下表所示為事業部到 3 月底為止的 M-TP(RMB) 施策項目一覽表，3 月份新增的施策項目數有 5 件，累計 29 件，這 29 件的預估年間的 CD 金額有 2,763,037RMB。

NO	課別	項目	編號	施策項目	月份	提案者	確認者	活動來源	CD效果(KG)	計劃約%	1月	2月	3月	4月	5月	6月	7月	8月	9月	10月	11月	12月
1	生管課	M-TP	M4MTP150001	氧化鑭要求採購與現有廠商協調價格CD (多座商議價)	1月	何軍	陳廠長	課內檢討/開發/採購協力	預估 240,000 實績 60,000	10.79% 2.70%	20,000 20,000	20,000 20,000	20,000 20,000	20,000	20,000	20,000	20,000	20,000	20,000	20,000	20,000	20,000
2	生管課	M-TP	M4MTP150002	氧化鑭要求採購與現有廠商協調價格CD (多座商議價)	1月	何軍	陳廠長	課內檢討/開發/採購協力	預估 120,000 實績 30,000	5.40% 1.35%	10,000 10,000	10,000 10,000	10,000 10,000	10,000	10,000	10,000	10,000	10,000	10,000	10,000	10,000	10,000
3	生管課	M-TP	M4MTP150003	二氧化鋯要求採購與現有廠商協調價格CD (多座商議價)	1月	何軍	陳廠長	課內檢討/開發/採購協力	預估 120,000 實績 30,000	5.40% 1.35%	10,000 10,000	10,000 10,000	10,000 10,000									
4	生管課	M-TP	M4MTP150004	氧化鑭要求採購與現有廠商協調價格CD (多座商議價)	1月	何軍	陳廠長	課內檢討/開發/採購協力	預估 120,000 實績 30,000	5.40% 1.35%	10,000 10,000	10,000 10,000	10,000 10,000	10,000	10,000	10,000	10,000	10,000	10,000	10,000	10,000	10,000
5	生管課	M-TP	M4MTP150005	氧化鑭要求採購與現有廠商協調價格CD (多座商議價)	1月	何軍	陳廠長	課內檢討/開發/採購協力	預估 180,000 實績 45,000	8.10% 2.02%	15,000 15,000	15,000 15,000	15,000 15,000	15,000	15,000	15,000	15,000	15,000	15,000	15,000	15,000	15,000
6	生管課	M-TP	M4MTP150006	氧化鑭要求採購與家廠商同料號協調價格CD (多座商議價) (AL-LAH05主要原料)	1月	何軍	陳廠長	課內檢討/開發/採購協力	預估 180,000 實績 45,000	8.10% 2.02%	15,000 15,000	15,000 15,000	15,000 15,000	15,000	15,000	15,000	15,000	15,000	15,000	15,000	15,000	15,000
7	生管課	M-TP	M4MTP150007	氧化鑭要求採購定廠商同料號裝置，追使現有廠商 (金盒) 降價 (AL-LAH04主要原料)	1月	何軍	陳廠長	課內檢討/開發/採購協力	預估 150,410 實績 30,000	6.76% 1.35%	10,000 10,000	10,000 10,000	15,000 10,000	10,410	10,000	10,000	15,000	10,000	10,000	10,000	10,000	10,000
8	生管課	M-TP	M4MTP150008	氧化鑭要求採購定廠商同料號裝置，追使現有廠商 (金盒) 降價 (AL-LAH04主要原料)	1月	何軍	陳廠長	課內檢討/開發/採購協力	預估 135,000 實績 27,000	6.07% 1.21%	10,000 9,000	10,000 9,000	15,000 9,000	10,000	10,000	10,000	15,000	10,000	10,000	10,000	10,000	10,000
9	生管課	M-TP	M4MTP150009	B-ESL磨棒有交貨週期過長，要求採購與廠商協調降價的可行性 (探討與換廠商)	1月	何軍	陳廠長	課內檢討/開發/採購協力	預估 12,000 實績 3,000	0.54% 1.35%	1,000 1,000	1,000 1,000	1,000 1,000	1,000	1,000	1,000	1,000	1,000	1,000	1,000	1,000	1,000
10	品保課	M-TP	M2MTP150001	定研開整廠原夢望，減少試判廢料數量	1月	趙俊武	陳廠長	小組會議	預估 7,200 實績 7,200	0.32% 0.32%	400 400	400 400	400 400	400	600	600	600	800	800	800	800	800
11	品保課	M-TP	M2MTP150002	與硬片客戶合金VL90100211 (毛邊，模裡)	1月	趙俊武	陳廠長	小組會議	預估 7,200 實績 7,200	0.32% 0.32%	400 400	400 400	400 400	400	600	600	600	800	800	800	800	800
12	品保課	M-TP	M2MTP150003	與硬片客戶合PA06800111 (變形)	1月	趙俊武	陳廠長	小組會議	預估 30,000 實績 7,500	1.35% 0.34%	2,500 2,500	2,500 2,500	2,500 2,500	2,500	2,500	2,500	2,500	2,500	2,500	2,500	2,500	2,500
13	品保課	M-TP	M2MTP150004	提升AL-BAL35材質球良品率	1月	趙俊武	陳廠長	小組會議	預估 12,000 實績 3,000	0.54% 0.11%	1,000 1,000	1,000 1,000	1,000 1,000	1,000	1,000	1,000	1,000	1,000	1,000	1,000	1,000	1,000
14	品保課	M-TP	M2MTP150005	與硬片客戶合合PL40580001內裝	1月	趙俊武	陳廠長	小組會議	預估 51,588 實績 12,897	2.32% 0.58%	4,299 4,299	4,299 4,299	4,299 4,299	4,299	4,299	4,299	4,299	4,299	4,299	4,299	4,299	4,299
15	品保課	M-TP	M2MTP150006	電平邊傷檢查品質提高	1月	趙俊武	陳廠長	小組會議	預估 96,000 實績 24,000	4.32% 1.08%	8,000 8,000	8,000 8,000	8,000 8,000	8,000	8,000	8,000	8,000	8,000	8,000	8,000	8,000	8,000
16	品保課	M-TP	M2MTP150007	與AOB客戶打合棒材外徑	1月	趙俊武	陳廠長	小組會議	預估 98,112 實績 34,928	4.41% 1.10%	8,176 8,176	8,176 8,176	8,176 8,176	8,176	8,176	8,176	8,176	8,176	8,176	8,176	8,176	8,176
17	品保課	M-TP	M2MTP150008	PA06800111磨裸折拋棒線條片加工事業部當旦到加工	3月	王大德	廖經理	課內檢討	預估 50,000 實績	2.25% 0.23%			5,000	5,000	5,000	5,000	5,000	5,000	5,000	5,000	5,000	5,000
18	品保課	M-TP	M2MTP150009	PA06800111(AL-BAL35-IC250磨棒加工工不良回收轉成能)	3月	王大德	廖經理	課內檢討	預估 50,000 實績	2.25% 0.23%			5,000	5,000	5,000	5,000	5,000	5,000	5,000	5,000	5,000	5,000
19	技術課	M-TP	M2MTP150001	AL-BAL42OOB磨棒，直接GM+壓型	1月	邱維	廖副理	內部會議	預估 240,000 實績 60,000	10.79% 2.70%	20,000 20,000	20,000 20,000	20,000 20,000	20,000	20,000	20,000	20,000	20,000	20,000	20,000	20,000	20,000
20	技術課	M-TP	M2MTP150002	AL-LAS56(V)3.3-3.4mm球生產	1月	廖副理	廖副理	內部會議	預估 36,000 實績 9,000	1.62% 0.40%	3,000 3,000	3,000 3,000	3,000 3,000	3,000	3,000	3,000	3,000	3,000	3,000	3,000	3,000	3,000
21	技術課	M-TP	M2MTP150003	AL-LAH35(V)5.5-5.6mm球生產	1月	廖副理	廖副理	內部會議	預估 60,000 實績 15,000	2.70% 0.67%	5,000 5,000	5,000 5,000	5,000 5,000	5,000	5,000	5,000	5,000	5,000	5,000	5,000	5,000	5,000
22	技術課	M-TP	M2MTP150004	AL-LAH21(4.5mm球生產)	1月	廖副理	廖副理	內部會議	預估 66,667 實績 16,667	3.00% 0.75%	5,556 5,556	5,556 5,556	5,556 5,556	5,556	5,556	5,556	5,556	5,556	5,556	5,556	5,556	5,556
23	技術課	M-TP	M2MTP150005	各種增1.6g×8實驗0K	1月	廖副理	廖副理	改善提案	預估 300,000 實績 75,000	13.49% 3.37%	25,000 25,000	25,000 25,000	25,000 25,000	25,000	25,000	25,000	25,000	25,000	25,000	25,000	25,000	25,000
24	技術課	M-TP	M2MTP150006	軒磷增試差不液改善 (由原定坩鍋投入改為GJB投入)	1月	廖副理	廖副理	內部會議	預估 50,000 實績 12,500	2.25% 0.56%	4,167 4,167	4,167 4,167	4,167 4,167	4,167	4,167	4,167	4,167	4,167	4,167	4,167	4,167	4,167
25	技術課	M-TP	M2MTP150007	AL-LAH21磨勝3OB生產	1月	廖副理	廖副理	內部會議	預估 12,000 實績 6,000	0.54% 0.27%	2,000 2,000	2,000 2,000	2,000 2,000									
26	技術課	M-TP	M2MTP150008	AL-LAH36OOB生產	1月	廖副理	廖副理	內部會議	預估 6,000 實績 6,000	0.27% 0.27%	2,000 2,000	2,000 2,000	2,000 2,000									
27	技術課	M-TP	M2MTP150009	小鋼針切面細晶粒改善	3月	江建新	廖繼松	改善提案	預估 142,860 實績	6.43% 0.64%			14,286 14,286	14,286	14,286	14,286	14,286	14,286	14,286	14,286	14,286	14,286
28	技術課	M-TP	M2MTP150010	AL-BAL35 25mm改為100mm壓棒為25mm	3月	廖馬潮	廖繼松	改善提案	預估 100,000 實績	4.50% 0.45%			10,000 10,000	10,000	10,000	10,000	10,000	10,000	10,000	10,000	10,000	10,000
29	技術課	M-TP	M2MTP150011	和麗型磨液能改善	3月	廖馬潮	廖繼松	改善提案	預估 60,000 實績	2.70% 0.27%			6,000 6,000	6,000	6,000	6,000	6,000	6,000	6,000	6,000	6,000	6,000
				合 計				施策項目小計	預估 2,763,037 實績 683,279	124.27% 27.54%	192,497 190,997	192,497 190,997	232,783 231,283	233,193	243,193	239,593	248,193	243,593	233,593	233,593	233,593	233,593

黃色代表當月新增施策項目 5 件

3月新增施策項目5件
M-TP施策項目累計29件
累計CD金額：2,763,037RMB

Chapter 7

C 材料事業部成功案例

325

④事業部 **M-TP(RMB)** 實績貢獻率表

　　下表所示為事業部到 3 月底為止的 M-TP(RMB) 實績貢獻率表，施策項目數量飽和度指標還在增加，從宣誓大會時的 106.15% 又增加到 124.27%，3 月底為止的執行力度指標 27.58%，比目標 25% 超前進度。

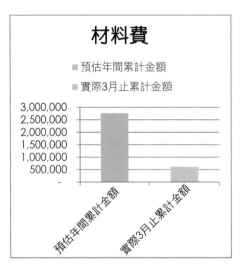

NO.	費目	施策項目數		預估金額(RMB)		預估貢獻率(年度)%	年度目標金額	實際金額(RMB)		3月止累計實際貢獻率%
		當月	累計(年度)	當月	累計(年度)			當月	累計	
1	材料費	5	29	402,860	2,763,037	124.27		231,283	613,278	27.58
	合計	5	29	402,860	2,763,037	124.27	2,223,439	231,283	613,278	27.58

施策項目數量飽和度指標　　施策項目執行力度指標

進度超前

（註）：
M-TP(kg) 施策項目一覽表 &
M-TP(kg) 貢獻率表，
與 M-TP(金額) 的格式相同，故省略。

⑤毛利日結管理

在第 1 章第 1-4-3 節有提過一切的改善數據都要與財務數據連結，毛利日結管理系統，就是扮演連接財務數據的功能。

如下表所示，雖然已編列有年、月度財務損益預算，但那只是一個基礎，因市場的變化……等等因素，每個月要依照實際接單的狀況，及時調整預算，我們稱為「實行預算」。

再將實行預算依照稼動日分割成一日的預算，也稱為日限額，實行日結管理、週別管理，每天上午 8:30 點前，將前一日為止的毛利實績做成日報，每日早會報告銷貨收入、銷貨成本、經費實績、毛利率、合併淨利等，做到每日掌握事業部的營運狀況，進一步可以確認 TP 管理的 CD 金額是否正確的反應到財務數據上。

一切改善的數據都與財務數據連結

事業部毛利日結表（5 月份）　　2015/11/19
總擔當:陳xx,潘xx

項目	5月 (財務預算 V2)	5月 實行預算	5月 (日限額)	5月日限額 (累計目標)	5月 (累計實績)	5月 累計差異	實績占預算營業額比	責任者	第1週 週限額 5/1-5/5	第1週 週實績 5/1-5/5	第1週 差異	第1週(5天) 5/1	5/2	5/3	5/4	5/5	第2週 週限額 5/6-5/12
出貨數量(E-BAR)																	
營業收入合計	**財務預算**	**實行預算**	**日預算(限額)**	**累計預算(限額)**	**累計費用**		**成本率**	**責任者**									
銷貨材料成本合計		**營業收入**															
工、費及其他費用合計		**銷貨材料成本**															
本期製造費用合計		**製造費用**															
6088.15消耗雜器																	
6088.16顧問費		**事業部成本**			**第一週預算 (週限額)**	**第一週 實績**	**第一週 差異**			**第一週5天**							
事業部成本合計		**毛利**															
事業部毛利					5/1~5/5	5/1~5/5			5/1	5/2	5/3	5/4	5/5				
薪資支出		**管銷費用**															
其他費用																	
管銷研發費用合計		**營業淨利**			**每日上午 8:30 實績計出**				**及時對策**								
營業淨利																	
權利金、顧問費等																	
合併營業淨利																	

⑥毛利月結管理

事業部毛利月結表（3月份）												
項　目	1月財務預算	1月實行預算	1月實績	2月財務預算	2月實行預算	2月實績	3月財務預算	3月實行預算	3月實績	Q1財務預算	Q1實行預算	Q1實績
出貨數量												
營業收入合計												
銷貨材料成本合計												
工、費及其他費用合計												
本期製造費用合計												
消耗雜器												
顧問費												
事業部成本合計												
事業部毛利												
管銷薪資支出												
其他費用												
管銷研費用合計												
營業淨利												
權利金、顧問費等												
合併營業淨利												

主要檢核 2 個項目

(1) 財務預算 (去年底訂定的) 與實行預算差異的分析。

(2) 實行預算 (上月底訂定的) 與實績的差異分析。

1. 製程簡介
2. 目標再展開
3. 尋找施策的活動
4. C-TP 施策項目一覽表
5. C-TP 實際貢獻率表
6. M-TP(kg) 施策項目展開表
7. M-TP(kg) 實際貢獻率表

①製程簡介

　　C 材料事業部 A 課的製程主要是調合原料、粗熔解、連續熔解、以製成光學玻璃板塊 (業界稱為 E-BAR)，也可以通稱為素材。

| 原料調合 | → | 粗熔解爐 | → | 連續熔解 | → | E-BAR 檢查 |

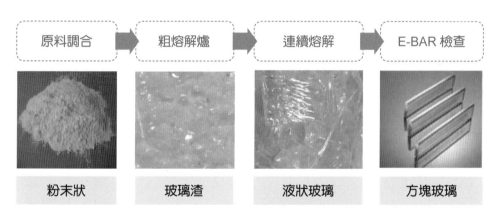

| 粉末狀 | 玻璃渣 | 液狀玻璃 | 方塊玻璃 |

②目標再展開

將區、組的目標再展開為各會計科目別的目標：

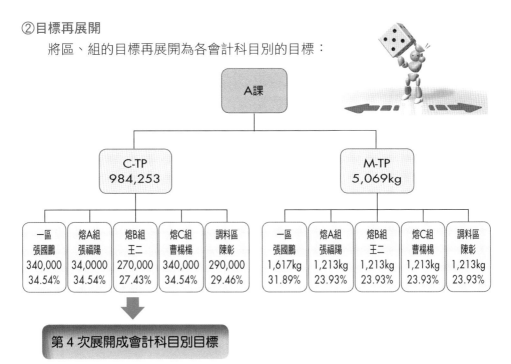

A課

C-TP 984,253

| 一區 張國鵬 340,000 34.54% | 熔A組 張福陽 34,0000 34.54% | 熔B組 王二 270,000 27.43% | 熔C組 曹楊楊 340,000 34.54% | 調料區 陳彰 290,000 29.46% |

M-TP 5,069kg

| 一區 張國鵬 1,617kg 31.89% | 熔A組 張福陽 1,213kg 23.93% | 熔B組 王二 1,213kg 23.93% | 熔C組 曹楊楊 1,213kg 23.93% | 調料區 陳彰 1,213kg 23.93% |

第 4 次展開成會計科目別目標

不服輸的 TP 精神，目標貢獻率達到 160.53%

項目	CD 金額	一區	熔解 A 組	熔解 B 組	熔解 C 組	調料區
薪資	50,000	10,000	10,000	10,000	10,000	10,000
水電費	800,000	160,000	160,000	160,000	160,000	160,000
輔助材料	100,000	30,000	30,000	0	30,000	10,000
修繕費	300,000	70,000	70,000	50,000	70,000	40,000
消耗工具	330,000	70,000	70,000	50,000	70,000	70,000
合計	1,580,000	340,000	340,000	270,000	340,000	290,000
目標貢獻率 %	160.53	34.54	34.54	27.43	34.54	29.46

目標再展開如上表所示：

(1) A 課課目標展開到區主任、線長。

(2) 主任、線長繼續第 4 次展開到各費目別 (會計科目) 的目標。

(3) 授權給部下做的話，自設的目標值往往超越承接值，(我想) 可能是 TP 精神：
參與感、使命感、榮譽感的作用。

③ A 課尋找施策的活動

(1) 承接著事業部的戰術，A 課也擬定了自課尋找施策活動的思想和訂定了每週的行動計畫。

(2) 其實事業部要獲得好成績的關鍵在於課級別的活動，因此事業部的 TP 活動推進事務局，要積極扮演好人才培育的工作。

(3) 課的責任者更要起帶頭作用，參與學習和參加所有的行動，讓整個基層基盤強大，才是獲得大量施策項目的保證。

| 活動思想 | 1) 努力參與學習革新教育
2) 鍛鍊改善手法基本功
3) 明確目標
4) 群策群力
5) 今日事今日畢 | 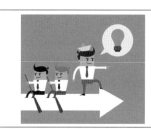 |

| 每週的行動 | 1) 士氣訓練　　　　（1 次 / 週）
2) 問題點發掘　　　（1 次 / 週）
3) 集體施策商討　　（2 次 / 週）
4) 問題改善　　　　（1 次 / 週）
5) 巡迴確認　　　　（每週五） |  |

事務局要積極
辦理人才培育

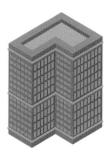

穩固的基盤
BOTTOM UP

④ A 課 C-TP 施策項目一覽表

下表所示為 A 課到 3 月底為止的 C-TP 施策項目一覽表，3 月份新增的施策項目數有 3 件，累計 27 件，這 27 件的預估年間的 CD 金額有 1,007,510RMB。

A課
C-TP 3月新增施策項目3件
累計27件，CD金額
1,007,510RMB

⑤ **A 課 C-TP 實績貢獻率表**

下表所示為 A 課到 3 月底為止的 C-TP 實績貢獻率表，施策項目數量飽和度指標增加到 102.36%，3 月底為止的執行力度指標 24.75%，比目標 25% 稍稍落後。

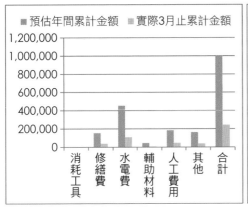

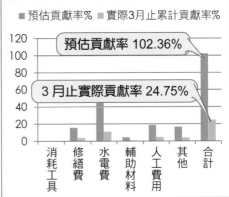

NO.	費目	施策項目數		預估金額(RMB)		預估貢獻率(年度)%	年度目標金額	實際金額(RMB)		3月止累計實際貢獻率%
		當月	累計	當月	累計(年度)			當月	累計	
1	消耗工具	0	0	0	0	0		0	0	0
2	修繕費	0	2	0	156,000	15.85		13,000	39,000	3.96
3	水電費	2	13	20,000	455,400	46.27		38,000	110,000	11.18
4	輔助材料	1	4	10,000	46,200	4.69		3,100	7,300	0.74
5	人工費用	0	4	0	184,910	18.79		15,600	46,800	4.75
6	其他	0	4	0	165,000	16.76		13,500	40,500	4.11
合計(對課目標貢獻率)		3	27	30,000	1,007,510	102.36	984,253	83,200	243,600	24.75
對事業部目標貢獻率					1,007,510	80.68	1,248,835	83,200	243,600	19.51

施策項目數量飽和度指標　施策項目執行力度指標

貢獻率表說明

從左邊往右邊，一項一項看

- 3月新增施策件數有3件/累計件數27件。
- 3月新增的預估金額30,000RMB。
- 累計預估金額增加到1,007,510RMB。
- 預估貢獻率為102.36%，稍稍超過100%而已，要留心。
- 3月新增的實際金額為83,200RMB。
- 累計的實際金額為243,600RMB。
- 截止到3月實際貢獻率(執行力度指標)24.75%，與目標25%相較，稍稍落後0.25%。

亮點

課級別的貢獻率表可以統計 2 個貢獻率 (執行力度指標)：

- 對課的目標：CD 實績金額 / 課年度目標 24.75%
- 對事業部的目標：CD 實績金額 / 事業部年度目標 19.51%

⑥ A 課 M-TP(kg) 施策項目一覽表

下表所示為 A 課到 3 月底為止的 M-TP(kg) 施策項目一覽表，3 月份新增的施策項目數有 3 件，累計 37 件，這 37 件的預估降低材料投入數為 7,933kg。

20	A課	M-TP	E-BAR品質	M1MTP130020	LAH85銷種液面點檢頻度倍增	1月	陸威威	王凱	自主巡迴	預估	240	4.73%	20	20	20	20	20	20	20	20	20	20	20	20
										實績	0	0.00%	0	0	0									
21	A課	M-TP	Cullet品質	M1MTP130021	投料勺子水洗清潔，頻度 1次/鍋，避免粘著	1月	陳瑋	王凱	自主巡迴	預估	120	2.37%	10	10	10	10	10	10	10	10	10	10	10	10
										實績	30	0.59%	10	10	10									
22	A課	M-TP	Cullet品質	M1MTP130022	取樣勺子編號管理	1月	周偉輝	王凱	自主巡迴	預估	120	2.37%	10	10	10	10	10	10	10	10	10	10	10	10
										實績	30	0.59%	10	10	10									
23	A課	M-TP	Cullet品質	M1MTP130023	調和傳票編號變更，由1-5修訂為1/5-5/5	1月	陳瑋	廖課	自主巡迴	預估	240	4.73%	20	20	20	20	20	20	20	20	20	20	20	20
										實績	60	1.18%	20	20	20									
24	A課	M-TP	品質不良	M1MTP130024	原料及cullet容器加蓋子蓋好	1月	陳瑋	王凱	自主巡迴	預估	120	2.37%	10	10	10	10	10	10	10	10	10	10	10	10
										實績	30	0.59%	10	10	10									
25	A課	M-TP	Cullet品質	M1MTP130025	石英爐單鍋清理承接槽，提升Cullet品質	1月	孫驕陽	王凱	自主巡迴	預估	60	1.18%	5	5	5	5	5	5	5	5	5	5	5	5
										實績	15	0.30%	5	5	5									
26	A課	M-TP	品質不良	M1MTP130026	AL-CD120 小杯ND改用粗爐確認，提高準確性	1月	陳瑋	王凱	自主巡迴	預估	36	0.71%	3	3	3	3	3	3	3	3	3	3	3	3
										實績	12	0.24%	4	4	4									
27	A課	M-TP	Cullet品質	M1MTP130027	軟化試驗后的原料回收供洗淨用	1月	陳瑋	王凱	自主巡迴	預估	12	0.24%	1	1	1	1	1	1	1	1	1	1	1	1
										實績	3	0.06%	1	1	1									
28	A課	M-TP	品質不良	M1MTP130028	成型前玻璃水停滯在Rz時間調整到2H，增加脫泡時間，節省漏料	1月	徐輝	徐啟東	課內會議	預估	600	11.84%	50	50	50	50	50	50	50	50	50	50	50	50
										實績	150	2.96%	50	50	50									
29	A課	M-TP	Cullet品質	M1MTP130029	AS-LAH65 E-BAR 30KG再生/连续炉10%添加	1月	曹陽陽	徐啟東	生產革新	預估	360	7.10%	30	30	30	30	30	30	30	30	30	30	30	30
										實績	90	1.78%	30	30	30									
30	A課	M-TP	品質不良	M1MTP130030	AL-LAH53 E-BAR 52KG再生/连续炉10%添加	1月	徐輝	徐啟東	生產革新	預估	624	12.31%	52	52	52	52	52	52	52	52	52	52	52	52
										實績	0	0.00%	0	0	0									
31	A課	M-TP	Cullet品質	M1MTP130031	粗爐卸料，水槽中的冷卻水保持15MIN以上再排放，利於Cullet品質	1月	陳瑋	徐啟東	自主巡迴	預估	120	2.37%	10	10	10	10	10	10	10	10	10	10	10	10
										實績	30	0.59%	10	10	10									
32	A課	M-TP	品質不良	M1MTP130032	帳外E-BAR再生使用	1月	曹陽陽	徐啟東	生產革新	預估	120	2.37%	10	10	10	10	10	10	10	10	10	10	10	10
										實績	30	0.59%	10	10	10									
33	A課	M-TP	Cullet廢棄	M1MTP130033	石英爐承接槽追加卸料漏斗減少Cullet灑落廢棄	1月	徐輝	徐啟東	生產革新	預估	36	0.71%	3	3	3	3	3	3	3	3	3	3	3	3
										實績	9	0.18%	3	3	3									
34	A課	M-TP	Cullet品質	M1MTP130034	攪拌棚增加卸料槽減少原料灑落廢棄	1月	陳瑋	徐啟東	自主巡迴	預估	120	2.37%	10	10	10	10	10	10	10	10	10	10	10	10
										實績	30	0.59%	10	10	10									
35	A課	M-TP	品質不良	M1MTP130035	帳外E-BAR再生使用	3月	張國鵬	徐啟東	生產革新	預估	500	9.86%			50	50	50	50	50	50	50	50	50	50
										實績	50	0.99%			50									
36	A課	M-TP	Cullet廢棄	M1MTP130036	石英爐承接槽追加卸料漏斗減少Cullet灑落廢棄	3月	徐輝	徐啟東	生產革新	預估	30	0.59%			3	3	3	3	3	3	3	3	3	3
										實績	3	0.06%			3									
37	A課	M-TP	Cullet品質	M1MTP130037	攪拌棚增加卸料槽減少原料灑落廢棄	3月	陳瑋	徐啟東	自主巡迴	預估	100	1.97%			10	10	10	10	10	10	10	10	10	10
										實績	10	0.20%			10									
合 計							5,069		施策項目小計	預估	7,933	156.50%	556	559	640	670	666	696	691	691	691	691	691	691
										實績	1,455	28.70%	463	455	537	0	0	0	0	0	0	0	0	0

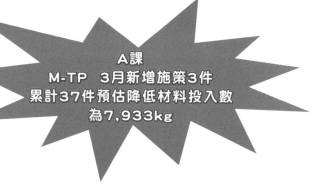

A課
M-TP 3月新增施策3件
累計37件預估降低材料投入數
為7,933kg

⑦ A 課 M-TP(kg) 實績貢獻率

下表所示為 A 課到 3 月底為止的 M-TP(kg) 實績貢獻率表，施策項目數量飽和度指標增加到 156.5%，3 月底為止的執行力度指標 28.7%，比目標超前。

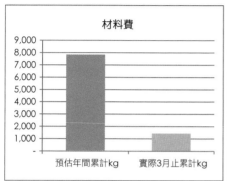

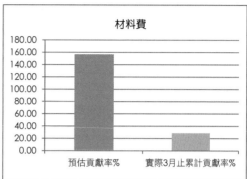

NO.	費目	施策項目數		預估降低(kg)		預估貢獻率 (年度)%	年度目標kg	實際降低(kg)		3月止累計實際貢獻率 %
		當月	累計	當月	累計(年)			當月	累計	
1	材料費 kg	3	37	630	7,933	156.5		537	1,455	28.7
	合計 (對課目標貢獻率)	3	37	630	7,933	156.5	5,069	537	1,455	28.7
	對事業部目標貢獻率				7,933	85.02	9,330	537	1,455	15.59

施策項目數量飽和度指標　施策項目執行力度指標

貢獻率表說明

從左邊往右邊，一項一項看
- 3月新增施策件數有3件/累計件數37件。
- 3月新增的預估630kg。
- 累計預估kg增加到7,933kg。
- 預估貢獻率為156.5%，遠遠超過100%，可放心。
- 3月新增的實際537kg。
- 累計的實際kg為1,455kg。
- 截止到3月實際貢獻率28.7%，超過標準25%。
- 對課的目標貢獻率：CD實績kg/課年度目標 28.7%
- 對事業部的目標貢獻率：CD實績kg/事業部年度目標 15.59%

7-5-3　主任 / 線長 / 儲幹級別的實績管理

　　最基層單位區主任、線長、儲幹級別的實績管理，增加了當月優秀案例介紹，一方面是改善經驗交流分享，一方面是提供發表的舞台，增加競爭意識和使命感，促進最基層 Bottom up。

①目標承接再展開

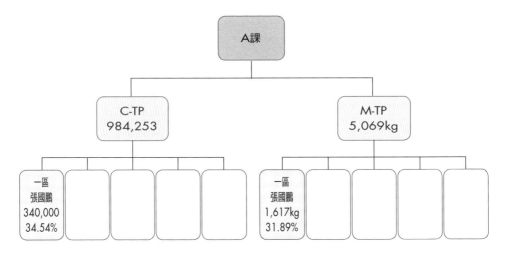

第4次展開 →	項目	一區
	薪資	10,000
	水電費	160,000
	輔助材料	30,000
	修繕費	70,000
	消耗工具	70,000
	合計	340,000
	目標貢獻率 %	34.54

②尋找施策項目的活動

　　配合事業部舉行的生產革新活動期間，而訂定了一區每日的活動計畫：

目的	為達成一區 TP 目標，有效實施生產革新活動，而制定本計畫。

範圍	C 材料事業部 A 課一區職場和相關人員。

期間	2012/10~12 月

時段	內容	擔當
7:35~8:00	早會＋士氣訓練	陸威威
8:00~8:30	現場問題點發掘	全體
8:30~9:00	問題點彙總及改善案提出	陳璋
9:00~11:30	現場改善實作	全體
11:30~12:00	日常生產進度確認	陸威威
12:00~13:00	午休	
13:00~13:30	生產狀況確認	陸威威
13:30~14:30	座學複習	王凱
14:30~15:30	巡迴現場	全體
15:30~16:30	改善實作	全體
16:30~16:50	整理＋夕會	全體

③ A 課一區 C-TP 施策項目一覽表

下表所示為 A 課一區到 3 月底為止的 C-TP 施策項目一覽表，3 月份新增的施策項目數有 0 件，累計 8 件，這 8 件的預估年間的 CD 金額有 356,600RMB。

A 課一區的 C-TP 施策項目一覽表

編號	課別	項目	科目	編號	施策項目	月份	擔當者	確認者	活動來源		CD效果(元)	貢獻率	1月	2月	3月	4月	5月	6月	7月	8月	9月	10月	11月	12月
1	A課一區	C-TP	水電費	MJCTP130001	成型施工其它審驗點，補充不足部份	1月	孫騰勝	徐啟東	生產革新	預估	96,000	20.24%	8,000	8,000	8,000	8,000	8,000	8,000	8,000	8,000	8,000	8,000	8,000	8,000
										實績	24,000	7.06%	8,000	8,000	8,000									
2	A課一區	C-TP	水電費	MJCTP130002	SOP書面資料與實物結合，提升全員技術力	1月	張國鵬	徐啟東	生產革新	預估	4,100	1.21%	400	400	400	400	100	400	400	400	400	400	400	400
										實績	1,200	0.35%	400	400	400									
3	A課一區	C-TP	水電費	MJCTP130003	A3成型台升格機構安裝扛槽課改造	1月	張國鵬	徐啟東	生產革新	預估	1,300	0.38%	100	100	100	100	200	100	100	100	100	100	100	100
										實績	300	0.09%	100	100	100									
4	A課一區	C-TP	其他	MJCTP130004	場夫透銷售調降溫時，用AL-LAL11/AL-NEFI銷暫)	1月	張國鵬	徐啟東	生產革新	預估	36,000	10.59%	3,000	3,000	3,000	3,000	3,000	3,000	3,000	3,000	3,000	3,000	3,000	3,000
										實績	9,000	2.65%	3,000	3,000	3,000									
5	A課一區	C-TP	水電費	MJCTP130005	Md溫度由125℃降到110℃節省電費	1月	張國鵬	徐啟東	內部會議	預估	36,000	10.59%	3,000	3,000	3,000	3,000	3,000	3,000	3,000	3,000	3,000	3,000	3,000	3,000
										實績	9,000	2.65%	3,000	3,000	3,000									
6	A課一區	C-TP	人工費用	MJCTP130006	部份區位管理人員撤入輪班，活入人個	1月	張國鵬	徐啟東	生產革新	預估	120,000	35.29%	10,000	10,000	10,000	10,000	10,000	10,000	10,000	10,000	10,000	10,000	10,000	10,000
										實績	30,000	8.82%	10,000	10,000	10,000									
7	A課一區	C-TP	其他	MJCTP130007	Galin組台后留存花暫放區，減少搬運	1月	張國鵬	徐啟東	生產革新	預估	3,200	0.94%	200	200	200	1,000	200	200	200	200	200	200	200	200
										實績	600	0.18%	200	200	200									
8	A課一區	C-TP	水電費	MJCTP130008	微型ID熱繼修復，減少電費使用	1月	張國鵬	徐啟東	生產革新	預估	60,000	17.65%	5,000	5,000	5,000	5,000	5,000	5,000	5,000	5,000	5,000	5,000	5,000	5,000
										實績	15,000	4.41%	5,000	5,000	5,000									
合計											340,000													
										施策項目	356,600	104.88%	29,700	29,700	29,700	29,700	30,300	29,700	29,700	29,700	29,700	29,700	29,500	29,500
										小計	89,100	26.21%	29,700	29,700	29,700	0	0	0	0	0	0	0	0	0

A課一區
C-TP 3月新增施策0件
累計8件預估CD金額為
356,600RMB

GOAL

④ A 課一區 C-TP 實績貢獻率表

下表所示為 A 課一區到 3 月底為止的 C-TP 實績貢獻率表，施策項目數量飽和度指標增加到 104.88%，3 月底為止的執行力度指標 26.21%，比目標 25% 超前。

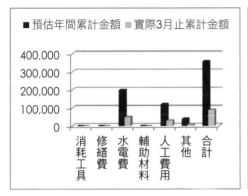

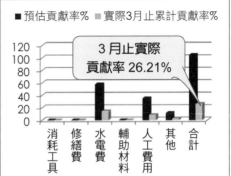

NO.	費目	施策項目數		預估年度金額 (RMB)		預估年度貢獻率%	區目標 (RMB)	實際金額		實際貢獻率%
		當月	累計	當月	累計			當月	累計	
1	消耗工具費	0	0	0	0	0		0	0	0
2	修繕費	0	0	0	0	0		0	0	0
3	水電費	0	5	0	197,400	58.06		16,500	49,500	14.56
4	輔助材料	0	0	0	0	0		0	0	0
5	人工費用	0	1	0	120,000	35.29		1,000	30,000	8.82
6	其他	0	2	0	39,200	11.53		3,200	9,600	2.82
	對區目標	0	8	0	356,600	104.88	340,000	29,700	89,100	26.21
	對課目標				356,600	36.23	984,253	29,700	89,100	9.05
	對事業部目標				356,600	28.55	1,248,835	29,700	89,100	7.13

施策項目數量飽和度指標　　施策項目執行力度指標

貢獻率表說明

從左邊往右邊，一項一項看
- 3月新增施策件數有0件／累計件數8件。
- 3月新增的預估金額為0。
- 累計預估金額增加到356,600RMB。
- 預估貢獻率為104.88%，超過100%。
- 3月新增的實際金額為29,700RMB。
- 累計的實際金額為89,100RMB。
- 截止到3月實際貢獻率(執行力度指標)26.21%，大於目標25%。

亮點

區、線長的貢獻率表可以統計 3 個貢獻率：
- 對自區己的目標：CD 實績金額 / 承接年度目標 26.21%
- 對課的目標：CD 實績金額 / 課年度目標 9.05%
- 對事業部的目標：CD 實績金額 / 事業部年度目標 7.13%

⑤ A 課一區 M-TP(KG) 施策項目一覽表

下表所示為 A 課一區到 3 月底為止的 M-TP(kg) 施策項目一覽表，3 月份新增的施策項目數有 1 件，累計 12 件，這 8 件的預估降低材料投入數為 2,095kg。

M-TP(KG) 施策項目一覽表

NO	課別	項目	科目	編號	施 策 項 目	月份	擔當者	確認者	活動來源	CD效果 (KG)		計劃%	1月	2月	3月	4月	5月	6月	7月	8月	9月	10月	11月	12月
1	A課一區	M-TP	E-BAR品質	M1MTP130001	Cullet料次混合前先慶邊次後混合攪拌取ND	1月	張國鵬	徐欽東	課內檢討	預估	190	11.75%	10	10	10	10	20	20	20	20	20	20	20	20
										實績	30	1.86%	10	10	10									
2	A課一區	M-TP	Cullet廢棄	M1MTP130002	洗淨科回收二次洗淨使用減少廢棄	1月	孫關勝	徐欽東	課內檢討	預估	240	14.84%	20	20	20	20	20	20	20	20	20	20	20	20
										實績	60	3.71%	20	20	20									
3	A課一區	M-TP	E-BAR品質	M1MTP130003	擠出管四先端確認E-BAR品質頻率下降減少打料料	1月	張國鵬	徐欽東	內部會議	預估	220	13.61%	10	10	20	20	20	20	20	20	20	20	20	20
										實績	11	0.68%	5	1	5									
4	A課一區	M-TP	E-bar取材率	M1MTP130004	標準爐全投回收料料需記錄其最大投入量 (保證品質的前提下)	1月	張國鵬	徐欽東	生產革新	預估	70	4.33%	5	5	10	10	5	5	5	5	5	5	5	5
										實績	20	1.24%	5	5	10									
5	A課一區	M-TP	E-bar品質	M1MTP130005	AL-BAL35(RC250) 25mm厚度 E-bar 製作25.5mm 專用導軌	1月	張國鵬	徐欽東	生產革新	預估	20	1.24%	1	1	1	2	2	2	2	2	2	2	2	1
										實績	2	0.12%	1	0	1									
6	A課一區	M-TP	E-BAR品質	M1MTP130006	碕碑生產前世產準備會，預先提出問題及對策，提升取材率	1月	張國鵬	徐欽東	防錯法	預估	330	20.41%	20	20	20	30	30	30	30	30	30	30	30	30
										實績	60	3.71%	20	20	20									
7	A課一區	M-TP	E-bar取材率	M1MTP130007	AL-BAL35(RC250) 25mm厚度 E-bar 使用取平壓，保證厚度達差0.5mm以內	1月	孫關勝	徐欽東	生產革新	預估	12	0.74%	1	1	1	1	1	1	1	1	1	1	1	1
										實績	4	0.25%	1	2	1									
8	A課一區	M-TP	E-bar品質	M1MTP130008	打碎回收料投入時需做精細化處理後再投入	1月	張國鵬	徐欽東	生產革新	預估	33	2.04%	1	1	1	3	3	3	3	3	3	3	3	3
										實績	3	0.19%	1	1	1									
9	A課一區	M-TP	E-bar品質	M1MTP130009	E-bar生產時，在系統OK27情況下，適當增大流量 (△=10~200kg/day)，提升生產效率	1月	張國鵬	徐欽東	生產革新	預估	33	2.04%	1	1	1	3	3	3	3	3	3	3	3	3
										實績	3	0.19%	1	1	1									
10	A課一區	M-TP	E-bar品質	M1MTP130010	E-bar生產時，整個φ63mm逐異性値量縮小	1月	張國鵬	徐欽東	生產革新	預估	87	5.38%	3	4	5	5	10	10	10	10	10	10	10	
										實績	4	0.25%	1	1	2									
11	A課一區	M-TP	品質不良	M1MTP130011	AI-BAL35發綠品格稍到Cullet中消耗吸收，特采使用，節省材料	1月	張國鵬	徐欽東	生產革新	預估	360	22.26%	30	30	30	30	30	30	30	30	30	30	30	30
										實績	90	5.57%	30	30	30									
12	A課一區	M-TP	品質不良	M1MTP130012	帳外E-BAR再生使用	3月	張國鵬	徐欽東	生產革新	預估	500	30.92%			50	50	50	50	50	50	50	50	50	50
										實績	50	3.09%			50									
			合 計				1,617		施策項目小計	預估	2,095	129.56%	102	105	173	183	179	189	194	194	194	194	194	194
										實績	337	20.84%	95	91	151	0	0	0	0	0	0	0	0	0

M-TP 累計施策 12 件，本月新增施策 1 件，累計施策預估降低材料投入數為 2,095kg。

⑥ A 課一區 M-TP(kg) 貢獻率表

下表所示為 A 課一區到 3 月底為止的 M-TP(kg) 實績貢獻率表，施策項目數量飽和度指標增加到 126.59%，3 月底為止的執行力度指標 20.48%，比目標 25% 遠遠落後

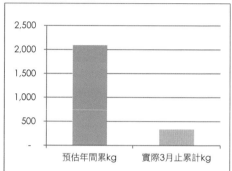

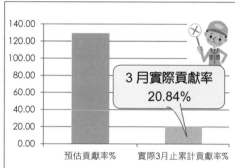

3 月實際貢獻率 20.84%

NO	費目	施策項目數		預估降低(kg)		預估貢獻率 (年度)%	年度目標 kg	實際降低(kg)		3月止累計實際貢獻率%
		當月	累計	當月	累計(年度)			當月	累計	
1	材料費 kg	1	12	500	2,095	129.56		151	337	20.84
	對區目標	1	12	500	2,095	129.56	1,617	151	337	20.84
	對課目標				2,095	41.33	5,069		337	6.65
	對事業部目標				2,095	22.45	9,330		337	3.61

施策項目數量飽和度指標　　　施策項目執行力度指標

貢獻率表說明

- 3月新增施策件數有1件/累計件數12件。
- 3月新增的預估500kg。
- 累計預估kg增加到2,095kg。
- 預估貢獻率為129.56%，遠遠超過100%，可放心。
- 3月新增的實際151kg。
- 累計的實際kg為337kg。
- 截止到3月實際貢獻率20.84%，低於標準25%。

區、線長的貢獻率：
- 對自己區的目標：CD 實績 kg/ 承接年度目標 20.84%
- 對課的目標：CD 實績 kg/ 課年度目標 6.65%
- 對事業部的目標：CD 實績 kg/ 事業部年度目標 3.61%

必須追究原因：訂單問題 or 執行施策力度？

⑦本月優秀案例

(1)改善主題：M-TP（M1M-TP120814）

　　連續爐成型台改造，集中冷卻中央部位，改善脈理。

(2)改善動機：

　　AXX 和 LXX 硝種的脈理不良主要為成型脈理，不良形狀如下圖所示，嚴重影響 E-BAR 取材率，需要對策改善。

(3)改善思路：

　　成型脈理產生的原因是由於玻璃液內外溫度差造成玻璃粘性不一致，從而形成脈理，玻璃粘性隨溫度變化而變化，同一個區域粘性不同，就產生脈理，故要消除脈理，必須改善玻璃液的溫度差。

(4)改善內容：

　　成型台截面結構分析圖：

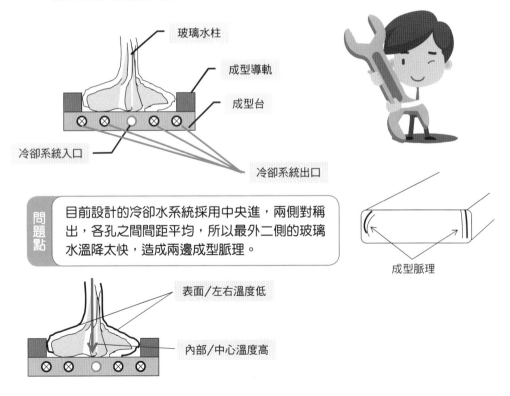

(5)改善手法：

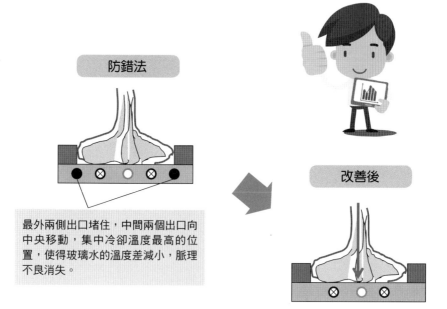

防錯法

改善後

最外兩側出口堵住，中間兩個出口向中央移動，集中冷卻溫度最高的位置，使得玻璃水的溫度差減小，脈理不良消失。

(6)改善效果：

　　每月產生脈理不良 11.2% → 0%，可節約 320KG 材料，折算金額達到 6 萬 RMB。

7-6 管理看板

7-6-1　C 事業部 TP 管理看板

事業部 TP 管理看板：

　　讓全體員工清清楚楚的知道事業部的目標是什麼？自己課的目標是什麼？為了達成目標的施策項目是什麼？目前進度是超前或落後呢？從而向量一致，力量一致，群策群力，向目標邁進。

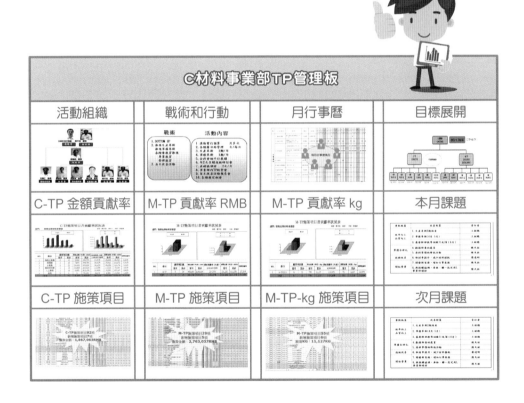

7-6-2 C 事業部 KPI 管理看板

　　因為事業部抓住 80/20 法則，推進 C-TP 和 M-TP 活動，製造費用和材料費用二項獲得了大量改善，所以 10 個 KPI 項目也都有很好的成績。

集團統一管理的 KPI 目標管理看板有下列項目：

① W (Working in process)-TP 的範圍

　　庫存 / 營業額、周轉天數、打切呆料 / 營業額、3 個月未動過的庫存 (潛在呆料)、打切呆料金額。

② Q-TP 的領域

　　原料耗損率和累計成品退貨率。

③ C-TP 的領域

　　作業 PF 提升、輔耗材下降、間接人員比例下降。

7-6-3 A 課管理看板

課級單位的管理版的功能：

① 公布目標

目標展開更清楚的讓主任、線長知道自己直接承擔的責任目標是多少，輸人不輸陣的關係，想做事的人就會非常用心的設法達成目標，甚至超越它，這就是 TP 精神。

② 公布實績

揭示施策項目和貢獻率表，讓上司、下屬、自己都看得到進度，如此才會群策群力，像拔河一樣無堅不摧。

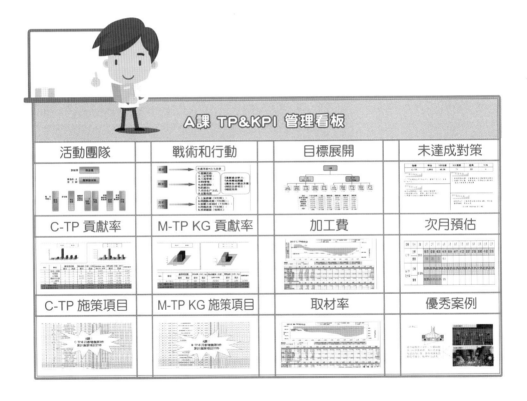

7-6-4 一區管理看板

區、線長級別的管理板的作用：

① 優秀的主任或線長在 TP 管理一切都看得見的情況下，更會想方設法來超越目標。

② 不是特別優秀的基層主管在隨眾效應之下，也必須跟著動起來，努力鞭策自己至少達成承接的目標。

③ 大家逐漸的養成好習慣，加上改善的基本功夫越來越強，整個團隊就沒有弱者。

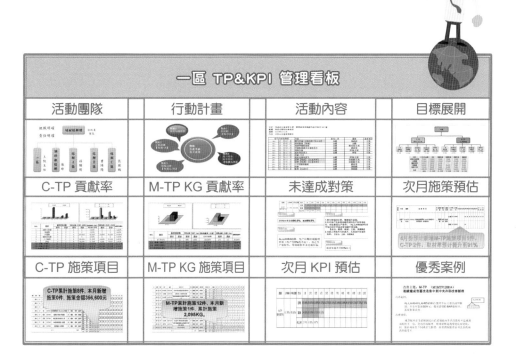

一區 TP&KPI 管理看板

活動團隊	行動計畫	活動內容	目標展開
C-TP 貢獻率	M-TP KG 貢獻率	未達成對策	次月施策預估
C-TP 施策項目	M-TP KG 施策項目	次月 KPI 預估	優秀案例

7-7　施策案例介紹

7-7-1　差別化施策項目

管理編號	施策項目名稱
M-TP120814	連續爐成型台改造，集中冷卻中央部位，改善脈理
M-TP130052	押型機排玻璃方式改善，提升效率
C-TP130078	玻璃熔液卸料機構變更，提升更換玻璃種類速度
M-TP130026	§ 5.45 以下 Ball 直接滴下工藝之創新
M-TP130041	開發平押技術，節省材料
M-TP130050	E-BAR 改成條狀成型，提升取材率
M-TP130051	Gob 滴下截斷裝置改善，減少材料漏掉損失
Q-TP140050	創新剪切機構，實現大顆 Gob 滴下成型
Q-TP140041	改良押型耐火磚塊，提升肉厚品良品率
M-TP140050	創新玻璃種類置換技術，降低庫存

 案例1.

①改善主題：**M-TP130041**

　　開發平押技術、再生材料。

②改善前

　　重量 × 密度＝體積，所以玻璃粒比標準重量太輕的時候，成型後的鏡片毛胚，厚度會太薄不能用，只好廢棄處理。又成型後的其他不良毛胚也是廢棄處理，非常浪費。

輕品玻璃粒　　　　　不良毛胚　　　廢棄處理

③改善動機

> 材料費是玻璃材料行業的大宗開銷，如此大的浪費，我們能任其發生嗎？

④改善思路

蓋房子用方磚

建築用的方磚的形狀正好與我們毛胚用的玻璃板材外形相似，我們也可以採取同樣的方法，將不規則的廢棄材料的形狀製作成方形，然後再轉給規格尺寸較小一點的光學玻璃毛胚當素材嗎？

不規則廢材

玻璃方形磚塊

⑤改善方法

　　打破固有思維模式，將上、下模從傳統的圓形設計改成方形設計。

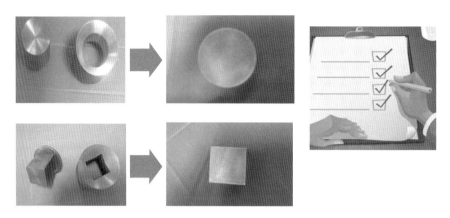

| 改善後 | 將不良品重新再生，平押成方形玻璃塊，然後轉給規格較小的毛胚使用。 |

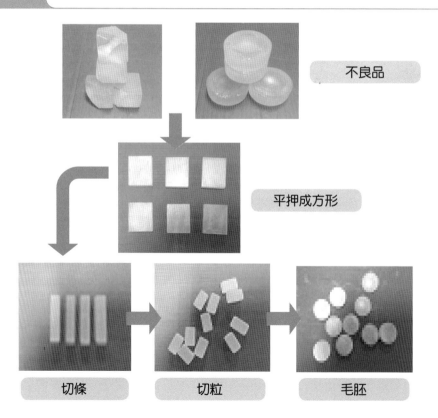

不良品

平押成方形

切條　　　切粒　　　毛胚

案例2.

改善主題：**C-TP130078**
　　玻璃熔液卸料機構變更、提升更換玻璃種類的速度。

玻璃熔解示意圖

光學玻璃原料投入熔解槽高溫熔解，然後虹吸到清澄槽脫泡，經過調節溫度之後，經攪拌槽攪拌讓均質化後，從流出管流出。

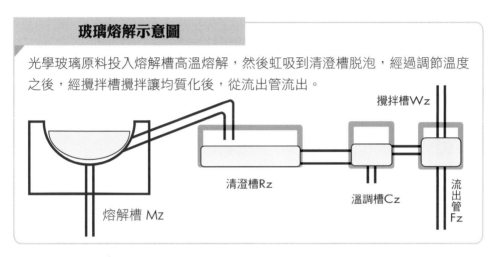

連續熔解爐成型結構示意圖

從流出管流出的玻璃，在保溫罩內利用成型台讓它成型為 E-BAR（方形玻璃板），然後經過天井和回冷爐輸送出來。

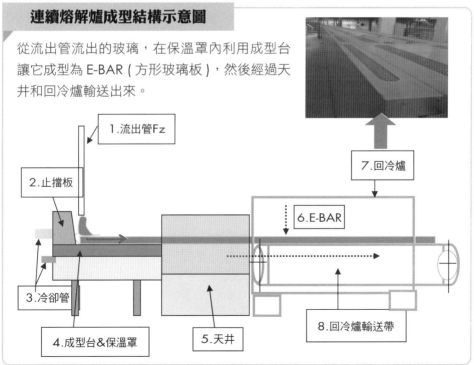

①改善前

> 更換玻璃種類的最後一道工序就是進行熔解槽卸料，先讓玻璃熔液流出，然後慢慢降溫，讓玻璃到達正常的粘度時，開始進行生產，卸料時成型台整組拉出，才可以進行卸料和取樣作業。

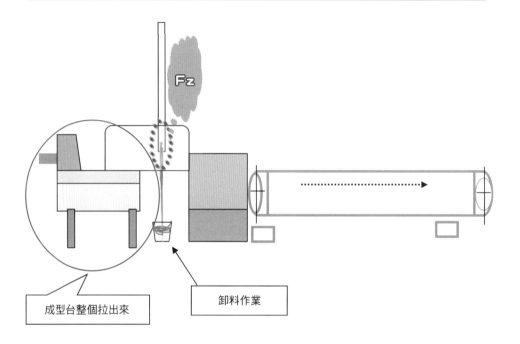

成型台整個拉出來

卸料作業

②改善動機

頭痛點	成型台拉出以後，因為成型台和天井沒有密封保溫，無法升溫到成型所需溫度，所以初期產出的 E-BAR 都是扭曲或不規則不良品，浪費太大，必須改善。

③改善思路

> 能夠不拉出成型台進行卸料和取樣嗎？
> 山不轉路轉，路不轉人轉，TP 小組有人提出前面走不通，我們可以走後面啊！

> 因此我們設計新的機構，經多次試作，終於實現了讓玻璃水從後面流出，不用拉
> 出成型台了。

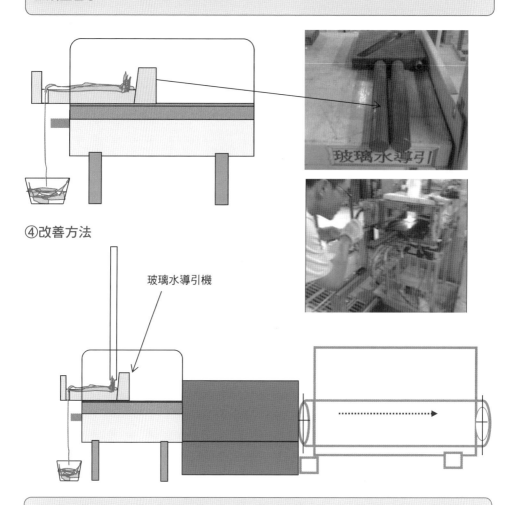

④改善方法

玻璃水導引機

> 卸料和取樣時，成型台和天井位置固定，可以正常加電升溫到所需要的溫度，實
> 現了初期產出就是良品的目標。

7-7-2 事務革新案例介紹

①事務員站立作業

改善前

改善後

辦公室站立

現場幹部站立

檢查員站立

②集中化電腦

③改會議桌

④品管站立作業

⑤會議效率化

7-8 輝煌的成果

7-8-1 2 期的生產革新總成果

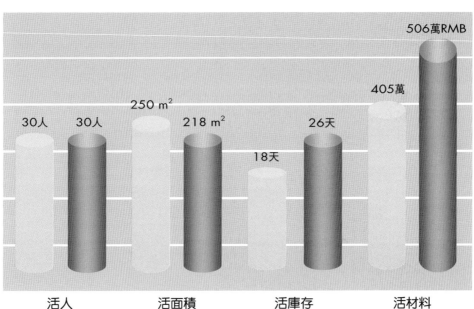

目標
實績

30人　　30人　　250 m²　218 m²　18天　　26天　　405萬　506萬RMB

活人　　　　　活面積　　　　　活庫存　　　　　活材料

7-8-2 TP 目標與實績對照表

全體TP

項目	CD 金額目標	CD 金額實績	UP%
C-TP	1,248,835	1,567,063	25.48
M-TP	3,392,929	4,316,587	27.22
合計	4,641,764	5,883,650	26.75

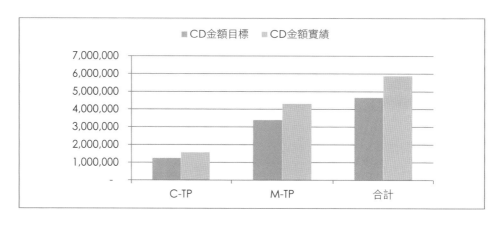

C-TP

M-TP

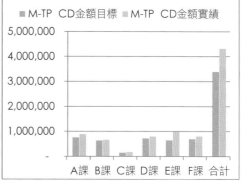

7-8-3　KPI 目標與實績

集團統一指定的 10 項 KPI 目標 全部達標

NO.	指標	單位	目標管理方式	目標管理方式	13'01	13'02	13'03	13'04	13'05	13'06	13'07	13'08	13'09	13'10	13'11	13'12
1	庫存/營業額	RMB	降低50%	目標	4.91	4.91	4.91	4.91	4.91	4.91	4.91	4.91	4.91	4.91	4.91	4.91
				實際	5.06	5.2	4.8	4.8	4.9	4.7	4.7	4.8	4.9	4.8	4.9	4.9
				Y/N	N	N	Y	Y	Y	Y	Y	Y	Y	Y	Y	Y
2	周轉天數	天	降低50%	目標	165	165	165	165	165	165	165	165	165	165	165	165
				實際	235	186	160	160	162	162	160	160	162	160	162	162
				Y/N	N	N	Y	Y	Y	Y	Y	Y	Y	Y	Y	Y
3	打切呆料低於營業 0.15	%		目標	0.15%	0.15%	0.15%	0.15%	0.15%	0.15%	0.15%	0.15%	0.15%	0.15%	0.15%	0.15%
				實際												
				Y/N	Y	Y	Y	Y	Y	Y	Y	Y	Y	Y	Y	Y
4	三個月未動	RMB	降低50%	目標	919,551	900,000	890,000	890,000	800,000	800,000	750,000	750,000	700,000	700,000	650,000	650,000
				實際	950,000	900,000	900,000	900,000	800,000	800,000	750,000	7,500,000	700,000	700,000	650,000	650,000
				Y/N	N	Y	N	N	Y	Y	Y	Y	Y	Y	Y	Y
5	OTD	%		目標	98	98	98	98	98	98	98	98	98	98	98	98
				實際	98	98	98	99	100	100	99	98	99	99	99	98
				Y/N	Y	Y	Y	Y	Y	Y	Y	Y	Y	Y	Y	Y

NO.	指標	單位	目標管理方式		13'01	13'02	13'03	13'04	13'05	13'06	13'07	13'08	13'09	13'10	13'11	13'12
6	原料耗損率(金額)	%	降低 20%	目標	1.30%	1.30%	1.30%	1.30%	1.30%	1.30%	1.30%	1.30%	1.30%	1.30%	1.30%	1.30%
				實際	0.53%	-0.19%	0.59%	0.60%	0.7%	0.80%	0.85%	0.70%	0.75%	0.85%	0.90%	1.00%
				Y/N	Y	Y	Y	Y	Y	Y	Y	Y	Y	Y	Y	Y
7	累計品退貨率(數量)	%	降低 20%	目標	1.18%	1.18%	1.18%	1.18%	1.18%	1.18%	1.18%	1.18%	1.18%	1.18%	1.18%	1.18%
				實際	0.00%	0.92%	1.07%	1.10%	1.10%	1.10%	1.10%	1.13%	1.10%	1.12%	1.10%	1.10%
				Y/N	Y	Y	Y	Y	Y	Y	Y	Y	Y	Y	Y	Y
8	作業PF	%	維持 95% 以上	目標	95.00%	95.00%	95.00%	95.00%	95.00%	95.00%	95.00%	95.00%	95.00%	95.00%	95.00%	95.00%
				實際	96.00%	95.23%	95.91%	96%	96%	96%	97%	97%	97%	97%	97%	97%
				Y/N	Y	Y	Y	Y	Y	Y	Y	Y	Y	Y	Y	Y
9	間接比	%	降低 20%	目標	10.00%	10.00%	10.00%	10.00%	10.00%	10.00%	10.00%	10.00%	10.00%	10.00%	10.00%	10.00%
				實際	8.33%	9.62%	8.00%	8.00%	8.00%	8.00%	8.00%	8.00%	8.00%	8.00%	8.00%	8.00%
				Y/N	Y	Y	Y	Y	Y	Y	Y	Y	Y	Y	Y	Y
10.	輔耗材	RMB/ KG	降低 20%	目標	7.305	5.623	6.397	5.623	6.303	6.07	5.314	4.797	4.23	4.526	5.035	7.423
				實際	0.776	5.588	5.092	5.011	5.5	5.5	5	4.8	4	4.3	4.8	6
				Y/N	Y	Y	Y	Y	Y	Y	Y	N	Y	Y	Y	Y

連續 3 年集團製造革新競賽第一名

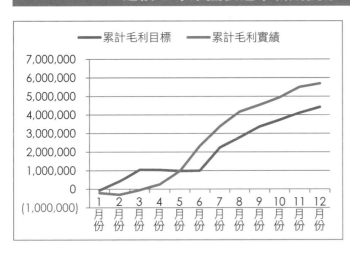

累計毛利目標　累計毛利實績

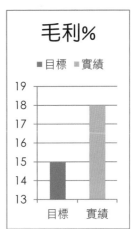

毛利%

■目標　■實績

7-9 成功的關鍵因素

企業和企業比賽的是技術力和管理力
技術力和管理力取決於員工的態度和能力

C 材料事業部深耕 TP 管理活動，運用 TP 管理的亮點

目標展開由上而下，所以向量一致，沒有無意義的目標。

施策展開由下而上，讓員工因獲得參與重用而產生無比的使命感和責任感。

為了讓員工擁有積極的態度和能力，由事業部長帶頭推進了 6 期的製造革新活動，讓全員鍛鍊了改善的基本功夫、讓基盤實力強大，自然獲得大量的施策項目。

士氣訓練帶給員工工作態度不斷提高的行為意念。

獎金與貢獻率連結，激發下一階段達成目標的幹勁。

Chapter **8**

結　論

8-1 什麼產業應該導入 TP 管理

8-1-1 如果你的產業是虧損累累

筆者的經驗，危險產業 (虧損) 的特徵會有下列 10 種狀況發生：

1. 庫存太高
2. 品質不好、客戶報怨多
3. 越來越聽不到消費者的聲音
4. 幹部不常出現在現場
5. 不習慣於 "變" ＝努力保持現狀
6. 救火性工作多於計畫性工作
7. 規章標準未被確實遵守與執行
8. 本位主義、部門主義、分工體制
9. 消極、被動、懶散、做私事、流動率高
10. 攻擊多於建設，惡意多於善意

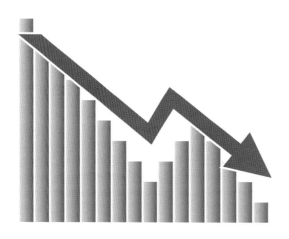

8-1-2 如果你的產業是力不從心

力不從心產業的特徵：

1. 老闆很辛苦，獨立在撐
2. 幹部也很辛苦，無法放手一搏
3. 每個人都很努力，但不知為何而忙
4. 做偏離重點的事情，真正重要的卻沒做
5. 抱著成功聽天由命的觀念
6. 經常口說時代在劇變，經營革新的必要性等，但實際做的事情還是延續之前的作法

老闆獨力在撐

員工沒有元氣

8-1-3 如果你的產業已經是第一流，想拉大與競爭同業的差距

築一道高牆，讓對方無法超越

　　TP 管理第一個秘訣是明確遠大的目標，不只是解決復元的問題，而是解決課題，將那些出類拔萃的企業做為標竿，以它們為學習對象，迎頭趕上並超越它，必須要解決的課題，俗稱為製造的課題。製造課題的最高境界是如何持續不斷的保持在永遠領先，就是要持續的製造課題，也就是要不斷的築一道高牆，讓競爭對手無法超越。

8-2 成功的關鍵因素

　　個人認為能長期有效的激勵方法是除了獎勵和處罰之外，要加上讓員工能夠不斷的成長和受到尊重。

$$E(Excitation) = M \times G \times C1 \times C2$$

任務目標 (Mission)× 成長 (Growing) × 鼓勵 (Congratulation)× 現金 (Cash)

● TP 管理就是針對 M*G*C1*C2 去設定的管理模式 ●

1. 讓 TOP 目標與中間目標、個人目標連結 (TOP DOWN)
2. 提升全體的態度和能力 (BOTTOM UP)
3. 協助幹部達成目標
4. 依貢獻率加以鼓勵和現金
5. 讓幹部不斷成長，挑戰更高目標

TOP很放心
員工更開心

感謝TP管理制度

參考文獻 / 書目

1- 中文部分

① 中國生產力中心　總合經營力 (TP) 與企業進化國際研討會資料　2001 年

② 中國生產力中心　第一屆製造業管理才能發展培訓引進 TP 總合經營力技術資料　2002 年

③ 中國生產力中心　工廠管理實務　2013 年

④ 書泉出版社　圖解山田流的生產革新　2014 年

2- 日文部分

① JMA　TP 管理研究會　製造業創造經營的挑戰　1995 年

② JMAC TP 管理的理念與推動上卷基本篇　1997 年

③ JMAC TP 管理的理念與推動下卷實踐、案例篇　1997 年

④ JMA　TP 管理的推進方法　1999 年

⑤ JMA　2000 年 TP 管理綜合大會發表資料 6 企業　2000 年

⑥ JMA　2001 年 TP 管理綜合大會發表資料 3 企業　2001 年

⑦ JMA　2002 年 TP 管理綜合大會發表資料 4 企業　2002 年

⑧ JMA　學習 GOOD FACTORY 工廠在新興國家運營的指引　2013 年

國家圖書館出版品預行編目資料

超圖解工業4.0時代產業管理秘訣：TP管理／
王基村, 鄭豐聰, 吳美芳合著. －－初版. －－
臺北市：五南, 2017.12
　　面；　公分
ISBN 978-957-11-9468-4 (平裝)
1.工業管理
494　　　　　　　　　　106020184

1FW4

超圖解工業4.0時代產業
管理秘訣：TP管理

作　　　者 ─ 王基村、鄭豐聰、吳美芳

發 行 人 ─ 楊榮川

總 經 理 ─ 楊士清

主編暨責編 ─ 侯家嵐

文 字 校 對 ─ 許宸瑞

封 面 設 計 ─ 姚孝慈

內 文 排 版 ─ 張淑貞

出 版 者 ─ 五南圖書出版股份有限公司

地　　　址：106台北市大安區和平東路二段339號4樓

電　　　話：(02)2705-5066　傳　　真：(02)2706-6100

網　　　址：http://www.wunan.com.tw

電 子 郵 件：wunan@wunan.com.tw

劃 撥 帳 號：01068953

戶　　　名：五南圖書出版股份有限公司

法 律 顧 問　林勝安律師事務所　林勝安律師

出 版 日 期　2017年12月初版一刷

定　　　價　新臺幣450元